PDMC

三维流程工厂设计 完全手册

AutoCAD Plant 3D

Autodesk Inventor

Navisworks Manage

符 剑 编著

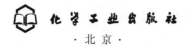

化学工业出版社

·北京·

内容简介

在制造业，将各个软件之间的一些基本功能协同起来，会使工作变得更加高效。本书围绕欧特克公司的产品制造与设计软件集"Product Design & Manufacturing Collection"（简称 PDMC），详细介绍了如何协同使用 Plant 3D、Inventor 和 Navisworks 等软件在流程工厂设计和规划中进行高效率的工作。

本书内容新颖全面，实用性强，配套讲解视频，有助于读者快速理解并掌握 PDMC 高效设计方法，可供计算机辅助设计人员、机械设计人员及相关专业师生、技术人员阅读参考。

图书在版编目（CIP）数据

PDMC 三维流程工厂设计完全手册：AutoCAD Plant 3D + Autodesk Inventor + Navisworks Manage / 符剑编著 . 一北京：化学工业出版社，2022.11

ISBN 978-7-122-41960-6

Ⅰ.①P… Ⅱ.①符… Ⅲ.①工厂‐设计‐AutoCAD 软件 Ⅳ.①TB49-39

中国版本图书馆 CIP 数据核字（2022）第 142091 号

责任编辑：曾　越
文字编辑：温潇潇
责任校对：王　静
装帧设计：王晓宇

出版发行：化学工业出版社
　　　　　（北京市东城区青年湖南街13号　邮政编码100011）
印　　装：高教社（天津）印务有限公司
787mm×1092mm　1/16　印张16½　字数416千字
2023年11月北京第1版第1次印刷

购书咨询：010-64518888
售后服务：010-64518899
网　　址：http：//www.cip.com.cn
凡购买本书，如有缺损质量问题，本社销售中心负责调换。

定　　价：128.00 元　　　　　版权所有　违者必究

PDMC

AutoCAD Plant 3D + Autodesk Inventor + Navisworks Manage

CAD 在制造业已经使用 30 多年了，从手工绘图，到二维的 CAD，再到现在的三维模型。特别是网络通信高度发达的今天，三维模型以它的可视化、信息携带化，让我们更加方便地同各个部门之间进行协调沟通，甚至从刚开始的规划、设计、生产加工，到后期的竣工资料以及模型展示，它能全方位地参与到整个设计的生命周期中来。

在进行新的流程工厂的规划时，最短的设计周期、最节省的资金投入，是每一个团队、每一个企业所追求的目标。通过活用 PDMC 里面的软件来进行三维工厂设计，让三维模型全方位地投入到各个阶段和整个项目的生命周期中，可以让我们更加灵活、协调和高效地工作。

对大多数技术设计人员和绘图人员来说，每次面对一个新的软件，琳琅满目的功能和操作让我们不知道从哪里下手，不知道该怎样活用到自己的工作中。本书主要介绍如何协调和活用 PDMC 里面的软件，并将其应用于流程工厂设计中。本书由浅入深，并结合实际的案例操作和视频，由易到难、循序渐进地让大家对各个软件功能有一个全方位的了解。

本书围绕着欧特克（Autodesk）公司的产品制造与设计软件集"Product Design & Manufacturing Collection"（简称 PDMC）编写，旨在指导在流程工厂设计和规划中，怎样合理地使用 PDMC 里面的 Plant 3D、Inventor 和 Navisworks 等软件进行高效率工作。

本书共 8 个章节和 4 个附录：第 1 章和第 2 章，主要讲解为什么要使用 PDMC，以及 PDMC 的优势在哪里；第 3 章到第 5 章，主要讲解各个软件的具体操作步骤及操作实例；第 6 章和第 7 章，在前几章的操作基础上，进一步提高对 PDMC 相关知识的认识；第 8 章，主要讲解怎样通过鼠标和键盘让我们更加高效率地去工作。附录中是一些常用的资料和常见问题的处理方法。

如果你想了解 PDMC 是个什么样的软件，请详细读第 1 章和第 2 章。

如果你是初学者，想自己一个人使用 PDMC 来设计和绘图，请仔细阅读第 3 章、第 4 章和第 5 章。

如果你对 PDMC 有一定的理解，请将重点放到第 6 章和第 7 章。

如果你还想提高绘图效率，请仔细阅读第 8 章。

本书使用的软件版本均为 2022 年版本，在没有特别说明的情况下，AutoCAD 是指 AutoCAD 2022，Inventor 是指 Autodesk Inventor 2022，Navisworks 是指 Navisworks Manage 2022。为方便读者理解，部分内容录制了讲解视频，可扫描书中二维码观看。本书中涉及的案例数据可在以下链接中获取：https:// pan.baidu. com/s/1QVjKtFfcorbLdKG7M6zMEw。提取码：1218。

欧特克的软件在不断更新和发展，计算机技术也在飞速提高。本书中如果有说明或者操作中的不足，或者有需要完善的地方，还望广大读者批评和指正。

符 剑

PDMC

AutoCAD Plant 3D + Autodesk Inventor + Navisworks Manage

第 1 章

什么是 PDMC

1.1 未来的制造业设计是属于三维的

以前绘图是直尺、铅笔加橡皮，买 A0 的绘图纸，HB 的中华铅笔，每天到绘图室里趴在绘图板上，不分白天黑夜地手工绘图。比例选错了，或者布局需要更改，就不得不重新准备一张新图纸，从零开始，效率非常低下。后来接触到了 AutoCAD LT 软件。虽然还是 Windows98 的年代，但已经很让人爱不释手了。可以无限重复地绘制、修改和删除，尺寸的标注是那么简单。

参加工作后，每天坐在电脑前，进行二维制图的操作。虽然孜孜不倦地设计、出图、印刷、修改、再设计、再出图……，但完成这一系列的绘图任务，还是需要几天的时间。特别是根据各个部门的反馈信息，反反复复地修改和完善，完成一张图的最终版本，花费一两个星期是很正常的。

在设计和规划新工厂的时候，二维设计的效率低下问题就更加明显了。特别是对具有不同楼层、不同高度的设备，管廊管道的设计等，设计工作者无法迅速地反馈和修改，更无法及时地满足各方面的需求。笔者使用的第一个三维设计软件是 AutoCAD Plant 3D。它恰恰在这方面弥补了二维软件的不足，给大家一种视觉上的直观感和立体感。在项目规划的初期阶段，能让我们节约大量的时间，提高效率，并减少很多人为判断的失误。

1.1.1　未来的设计就是协调化和多元化的设计

　　每个软件都有它的特点，既有长处又有短处，仅仅使用一个设计软件去完成工作将会有一定的局限性。我们需要协调不同的软件，最大限度地发挥它们的长处，这种多元化和协调化的设计理念，虽然对设计工作者本身来说是一个巨大的挑战，但这样能提高工作效率，节省大量的时间，并终身受益。

　　在欧洲，奥地利的安德里茨公司是无人不晓的，其在匈牙利建造的造纸机工厂，使用AutoCAD 和 Autodesk Inventor 软件对工厂的每个组件进行三维建模，实现了数字化管理，大大降低了出错的可能性。

　　在日本的制造业，MISUMI 公司也是家喻户晓的。MISUMI 有一个网上服务"meviy"，它完全打破了传统的制造加工理念，实现了当天报价，无须出图，甚至隔天就能加工出来并发货的超高效率。

　　我们在 meviy 上申请一个免费账户后，将绘制好的三维模型直接上传到 meviy，从审图、报价、供货周期，到加工和发货，都可以在电脑上快速完成，同传统的报价流程相比（表1-1），meviy 为设计人员提供了一个非常大的选择空间，不但能为我们节省大量的步骤，还可以让技术人员迅速地知道自己设计的产品是否可以加工，性价比是否很好，让我们在设计阶段就能得到一个准确的判断。

表 1-1　传统制造报价流程与 meviy 对比的比较

步骤	步骤 1	步骤 2	步骤 3	步骤 4	步骤 4	步骤 5	步骤 6
传统（2D 设计）	制图	人工审图	材质选择	工期确定	价格确定	加工	发货
meviy（3D 设计）	建模	meviy					

　　从表 1-1 中可以一目了然地看到，与传统的二维设计相比，三维设计的优势。但是在这里再强调一点，我们要想实现上面的服务，一个非常重要的因素就是需要**"三维模型"**。

1.1.2　制造业未来发展方向

　　访问欧特克公司的网站，能免费下载到名为"2021 年行业能力研究"的 PDF 报告（图1-1）。这是一份来自 1000 多位商业精英、经理以及专业人士的见解，能让我们了解今后五年，在建筑行业、土木行业、建设行业以及制造行业的重要发展方向。

图 1-1　2021 年行业能力研究报告截图

在这份报告的第 23 页，有一个表格（图 1-2）。从图 1-2 的表格里可以看到，今后的五年对制造业来说，柔性制造和协调性将是非常重要的，占据了 83%，而大规模的定制占比只有 8%。

那么怎样才能满足柔性和协调性呢？这就对我们设计人员提出了一个挑战，就是怎样高效率地利用并实现软件之间的协调和设计工作，对来自各个方面的多样性需求，给予迅速的判断和回复。

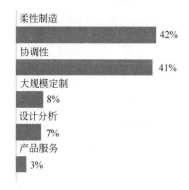

图 1-2　未来五年制造业最主要的发展方向

1.2　为制造业而准备的软件集 PDMC

PDMC 是欧特克公司的产品，一个设计与制造的软件集。它是一套为制造行业所准备的专业化工具。PDMC 的全称是"Product Design & Manufacturing Collection"，直接翻译就是"产品设计与制造系列"。

1.2.1　PDMC 简介

打开欧特克的官方网站，在首页上点击左上角的"产品"，会看到欧特克公司主推的三大软件集（图 1-3），工程建设软件集、产品设计与制造软件集和传媒和娱乐软件集。这三个软件集各有各的特色。

图 1-3　欧特克三大软件集

① 工程建设：英文全称为"Architecture, Engineering & Construction"，主要包含 Revit、AutoCAD 和 Civil 3D 等软件，它是为工程建设行业所准备的一个软件集。

② 产品设计与制造：英文全称为"Product Design & Manufacturing Collection"，主要包含 Inventor、AutoCAD 和 Navisworks 等软件，它是为制造业准备的一个软件集，也是本书所要讲解的软件集。

③ 传媒和娱乐：英文全称为"Media & Entertainment"，主要包含 3ds Max、Maya 和 Arnold

等软件，它是为媒体娱乐界所准备的一个软件集。

本书的内容，全部围绕产品设计与制造软件集展开，简称 PDMC。

1.2.2 PDMC 所包含的软件

PDMC 里面包含的软件很多。这里将 PDMC 所包含的软件和主要服务罗列了出来。

① Autodesk Inventor：用于三维机械设计的专业软件。通过对零部件的参数化、表单化和程序化来实现三维数据的高效制作以及重复利用。

② Autodesk Inventor Nastran：有限元元素分析的工具。必须在 Inventor 安装之后使用。

③ Autodesk Inventor nesting：钣金和原材料优化工具。必须在 Inventor 安装之后使用。

④ Autodesk Inventor Tolerance Analysis：一款公差分析工具。必须在 Inventor 安装之后使用。

⑤ Inventor CAM–Ultimate：CAM 集成开放工具。必须在 Inventor 安装之后使用。

⑥ AutoCAD：在制造行业，这个软件已经成为技术人员的一个必备工具。二维以及三维功能都包含。

⑦ AutoCAD Plant 3D：以管道为主的三维设计软件。具备 P&ID 功能，数据库、材料库功能，出正交图和 ISO 出图功能。

⑧ AutoCAD Mechanical：二维和三维的机械设计软件。除了 AutoCAD 的所有功能外，还包含了根据工业规格来制定的数据库，各种作图的支援功能。

⑨ AutoCAD Map 3D：属于 AutoCAD 里面七个工具组合之一。它是针对 GIS 和三维地图的一个专业化软件。

⑩ AutoCAD MEP：针对暖通设备的 AutoCAD 工具组合之一。是针对风道、电线管道、空调设备、电气系统等的专业软件。

⑪ AutoCAD Architecture：面向建筑设计的 CAD 软件。有针对建筑行业的工具库，可以自动出平面图、断面图和立体图。

⑫ AutoCAD Electrical：针对机电行业的 CAD 软件。能制作电气图、回路图、控制图，并带有各种机电行业专用的零件库。

⑬ AutoCAD Raster Design：这个软件包含在 AutoCAD Plus 里面。对扫描的图纸进行加工并可以转换为 DWG 图纸。

⑭ Fusion 360：基于远程服务的三维设计软件。从新产品开发到工艺加工，全部都在网络上进行。Mac 和 Windows 系统均可利用。

⑮ Navisworks Manage：一个设计审阅和管理的软件。能对应 AutoCAD 以及 Inventor 等 60 种以上的文件格式，并能实现计划进度和碰撞检测功能。

⑯ 3ds Max：一个 3D 渲染和制作动画的软件。Inventor、AutoCAD 和 Fusion 360 的文件均可以对应。

⑰ Factory Design Utilities：工厂的布局和规划软件。它将嵌入到 AutoCAD 和 Inventor 的软件里面。

⑱ Vault Basic：文件管理软件。CAD 数据、表格文件的技术数据以及版本升级的管理都可以实现。

⑲ ReCap Pro：对应三维扫描的软件。将 3D 扫描或者照片以点群的方式表示出来，结合实际生成三维模块。

⑳ AUTODESK HSM：在 Inventor 和 Solidworks 上可以使用的 2.5 轴～5 轴加工用的统合

CAM 软件。

㉑ Autodesk Rendering：可以在云端进行渲染的服务。无须使用昂贵的电脑，就可以渲染出高分辨率的照片。

㉒ Autodesk Drive：网盘服务。提供 30 天有效期的网络公开地址，无须将模型发送给对方，可以通过网络进行查看。

另外，PDMC 还对客户开放 25GB 的网盘使用权限，自己的一些文件可以保存在网盘里面进行共享。

将 PDMC 的这些软件用图形表达出来，如图 1-4 所示。

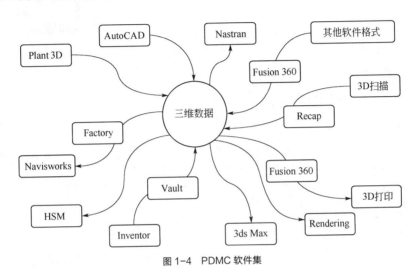

图 1-4　PDMC 软件集

1.2.3　PDMC 的优势

有人会问，为什么不单独购买，为什么要选择 PDMC 呢？PDMC 的优势在哪里？本书将从三个方面来阐述 PDMC 的优势。

（1）PDMC 帮助我们实现 DX 数字化转型

PDMC 是制造型企业实现数字化转型 DX（Digtal Transformation）的一个非常好的工具。将 "Digtal Transformation" 缩写为 "DT" 是错误的。Trans 在这里为 Cross，交叉的意思，英文可以用 X 代替。所以 "Transformation" 的真正含义为 "X-formation"，这就是 "DX" 的由来。

我们要设计一个产品，一般设计、工艺、制造、销售这四个部门的意见是必不可少的（图 1-5）。常规的方法和流程如下：

① 设计部门设计好的图纸交给工艺部门审核；

② 工艺部门将修改意见反馈给设计部门修改，设计；

③ 设计部门将修改好的图纸交给制造部门审核；

④ 制造部门再将意见反馈给设计部门修改，再设计；

⑤ 设计部门将修改好的图纸交给制造部门试生产；

⑥ 加工出来的产品根据销售部门的反馈意见，设计部门再修改；

⑦ 最终产品定型。

从上面的流程不难看出，从刚开始设计到最后产品定型，设计部门需要根据各个部门反馈的意见不停地修改，设计周期不但冗长，而且设计部门频繁进行图纸的修改，既容易产生疲惫感，又无法专注于原来的设计工作。

如果我们改用 PDMC 来设计，充分利用 PDMC 中 AutoCAD、Inventor 和 Navisworks 的功能并将它们联系起来，不但能让设计人员从这种修改图纸的疲惫中解放出来，更能缩短设计的周期，让设计人员专注于本职工作（图 1-6）。

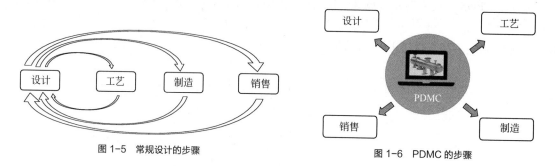

图 1-5　常规设计的步骤　　　　　　　图 1-6　PDMC 的步骤

（2）PDMC 的性价比

首先性价比是选择软件的一个相当大的因素。假如单独购买 AutoCAD、Inventor 和 Navisworks 这三个软件，官方的价格是（2021 年 9 月份）：

- AutoCAD：8210 元/年；
- Inventor：8592 元/年；
- Navisworks：3838 元/年。

合计起来大约 2 万元。这个价格已经差不多和 PDMC 的价格相同了。所以在性价比方面 PDMC 占有绝对的优势。

（3）PDMC 的其他优点

PDMC，不仅仅能帮助我们进行数字化转型，缩短设计周期，提高开发设计的效率，它还有很多其他的优势。

① 各个软件之间自动化协作，减少设计中的人为失误。

② 利用高度的解析功能，在设计中可以实现对成本的节约。

③ 以立体的形式展现，给大家一个共同的直观感。

④ 公司内部和外部的对话交流更流畅。

⑤ 设计意图的共有。

⑥ 设计的数据可以很简单地再利用。

⑦ 对模型数据的参数化，能加快绘图和修改的速度。

⑧ 2D 和 3D 之间的工厂设计验证。

1.3　PDMC 的下载和安装

欧特克对所有用户有 30 天的免费试用期，对学生和老师有免费的教育版本。下面介绍一下 PDMC 的下载和安装。

1.3.1 PDMC 30 天免费试用版本的下载步骤

打开欧特克网站的首页，点击左上角的"产品"，再点击"产品设计与制造"（图 1-8）。

图 1-7 欧特克首页

然后点击"试用包含的软件"（图 1-8），点击"立即免费试用"，就可以下载自己想使用的软件了（图 1-9）。

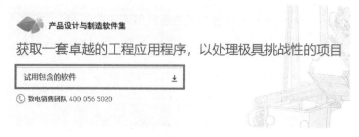

图 1-8 试用包含的软件

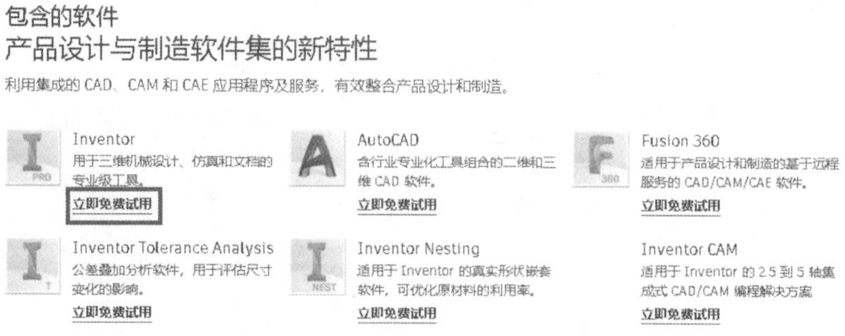

包含的软件
产品设计与制造软件集的新特性

利用集成的 CAD、CAM 和 CAE 应用程序及服务，有效整合产品设计和制造。

Inventor 用于三维机械设计、仿真和文档的专业级工具。 立即免费试用	**AutoCAD** 含行业专业化工具组合的二维和三维 CAD 软件。 立即免费试用	**Fusion 360** 适用于产品设计和制造的基于远程服务的 CAD/CAM/CAE 软件。 立即免费试用
Inventor Tolerance Analysis 公差叠加分析软件，用于评估尺寸变化的影响。 立即免费试用	**Inventor Nesting** 适用于 Inventor 的真实形状嵌套软件，可优化原材料的利用率。 立即免费试用	**Inventor CAM** 适用于 Inventor 的 2.5 到 5 轴集成式 CAD/CAM 编程解决方案 立即免费试用

图 1-9 立即免费试用

检查一下准备安装软件的电脑，符合不符合图 1-10 对系统的要求。确认好之后，点击"下一页"。

然后选择是"企业用户"还是"学生或教师"，这里选择企业用户，然后点击"下一页"（图 1-11），点击"开始下载"（图 1-12）。

图 1-10 系统要求   图 1-11 选择企业用户   图 1-12 开始下载

至此，就完成了 PDMC 的下载。然后双击下载后的软件，按照画面的指示安装即可。

1.3.2 PDMC 软件管理

如果已经采购了 PDMC，可以到自己的账户管理画面进行下载和安装。

打开欧特克公司的首页，点击右上角自己的账户图标（图 1-13）。然后点击"产品和服务"（图 1-14），进入自己的账户之后，点击产品和服务里面的"Product Design & Manufacturing Collection"（图 1-15）。

图 1-13 自己的账户

图 1-14 产品和服务   图 1-15 Product Design & Manufacturing Collection

这时候就能看到"Product Design & Manufacturing Collection"软件集里面的所有软件了。例如我们想安装 AutoCAD 2022 版本，点击"AutoCAD"（图 1-16）。

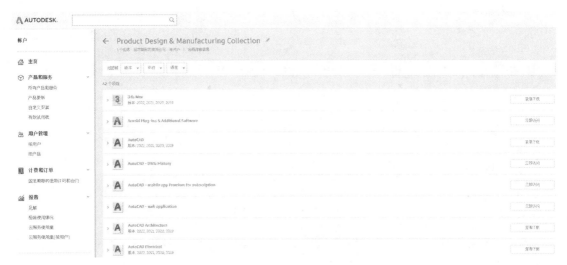

图 1-16　显示全部软件界面

我们可以安装过去 3 年的版本，语言也可以选择。这里我们选择 2022 的简体中文版来安装，然后点击右边的"立即安装"即可（图 1-17）。

图 1-17　下载界面

1.4　PDMC 使用注意事项

在本书的解说过程中，有几个地方需要提前说明。

1.4.1　电脑文件扩展名的表示方法

本书有许多地方讲解到扩展名，Windows10 初始设定是不显示扩展名的。在这里对怎样将自己的扩展名显示出来做一个简单的介绍。

首先启动电脑，然后同时按住键盘上的 WIN 键和 E 键，启动文件资源管理器（图 1-18）。

图 1-18　文件资源管理器

点击"查看"，点击"文件扩展名"前面的方框（图 1-19）。这样我们的文件扩展名就可以显示出来了。每一个文件都会有自己的扩展名，它是我们识别文件的一个很重要的标注。

图 1-19　文件扩展名

1.4.2　输入命令的方法

AutoCAD 和 AutoCAD Plant 3D 允许我们直接输入命令来操作。对输入命令栏的操作就会显得尤其重要。

以 AutoCAD Plant 3D 为例（AutoCAD 操作一样），打开软件，任意新建一个 DWG 文件，在中间的最下方处，就会看到命令行窗口（图 1-20）。

在命令行窗口的空白处，比如输入外部参照的命令"XF"，然后按键盘上的回车（Enter）键，就可以直接将外部参照面板调用出来（图 1-21）。

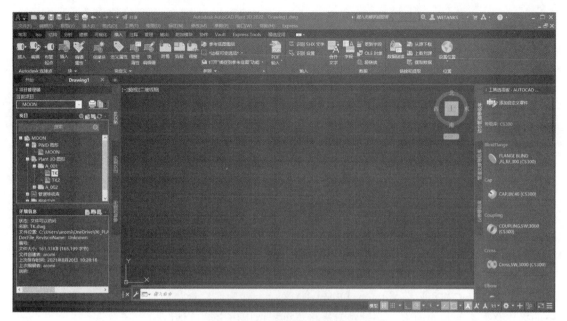

图 1-20　命令行窗口

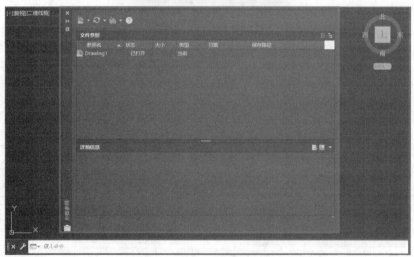

图 1-21　调出外部参照命令栏

另外，用鼠标左键点击命令栏中的图标（图 1-22），还可以直接查看过去输入的命令，并可以选择它。所以当我们想重复使用命令的时候，这将是一个便捷的方法。

我们甚至还可以用鼠标左键一直点击命令栏的上边缘（图 1-23），直接向上拉伸，可以将命令栏显示的范围扩大，以方便查看。

图 1-22　点击命令栏图标

命令栏在 AutoCAD 和 AutoCAD Plant 3D 中非常重要。对一些基本的命令，希望大家能养成从命令栏输入命令来绘图的习惯，这样将会大大提高我们的绘图速度和效率。

另外，在使用 AutoCAD 和 AutoCAD Plant 3D 绘图的过程中，有时候不知道什么原因命令栏突然不见了。这个时候同时按键盘 Ctrl 键和 9 键，就可以重新将命令行窗口显示出来（图 1-24）。

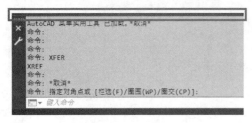

图 1-23　拉伸命令栏

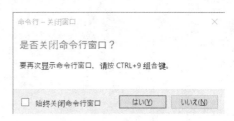

图 1-24　显示命令行窗口

1.4.3　显示菜单栏的方法

安装完 AutoCAD 或者 AutoCAD Plant 3D 之后，默认不显示菜单栏。菜单栏对我们在绘图中的操作有很多便利的地方，这里对怎样将菜单栏调用出来简单地解说一下。

以 AutoCAD Plant 3D 为例（AutoCAD 操作一样），打开软件之后，默认的画面如图 1-25 所示。用左键点击左上角处的下三角图标（图 1-26），会看到显示菜单栏的选项，用左键点击它（图 1-27），在面板项目栏的上面就会出现菜单栏了。

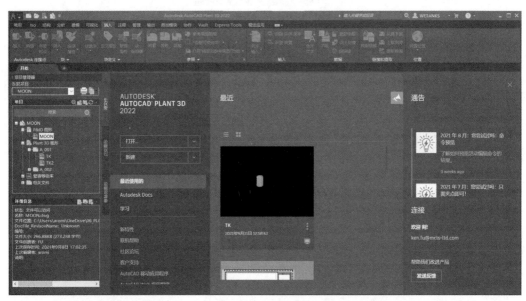

图 1-25　默认的画面

图 1-26　显示菜单栏

图 1-27　菜单栏

第2章

流程工厂快速建模新提案

新建工厂在初期规划的时候，需要考虑的地方很多，比如当地的法律，厂址的选择，对环境的影响，供电、给水、排水的确认，原材料的供应，交通运输，人员的配置，等等。甚至将来的扩展性也都占据着很重要的一环。

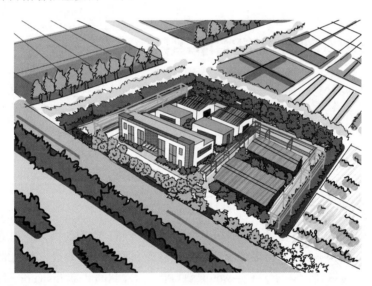

在这里我们暂且不去谈法律、行政和决策上的因素，只从三维设计的角度出发，来说说怎样进行流程工厂建设的快速建模。

在项目规划的初期阶段，我们需要经常根据方方面面的信息和要求来修改布局，更改或增减设备的布置，甚至重新设计整个计划都是很常见的。这时我们就需要有一个方便且快捷，并能够迅速反映出我们意图的工具。时间短效率高地将团队以及客户的要求反映到模型上，这不但能提高整个项目的规划效率，更能为我们缩短整个计划的设计周期，对提高企业的竞争力起着重要的作用。

欧特克的网站上有很多可以借鉴和参考的具体实例。如《利用 3D 设计优化管道布局的工厂设计》，见图 2-1。这是日本某公司，对自己为什么要导入专业的 3D 软件，导入的过程和感想等做了详尽的解说。其中有这么一段话："自从导入了（AutoCAD Plant 3D、Autodesk Inventor 和 Navisworks Manage 等）3D 软件之后，与导入前相比销售额大约增加了 1.7 倍。"这是一个很了不起的数字。

图 2-1 利用 3D 设计优化管道布局的工厂设计

2.1 PDMC 软件功能和特点

Plant 3D 是 AutoCAD 里面的一个工具组合。当然，Plant 3D 软件也不是万能的，需要结合 PDMC 中的 Autodesk Inventor、Navisworks Manage 等其他的软件，将每个软件的优点尽量发挥出来，让软件的长处用在刀刃上，以服务于流程工厂的初期规划工作。

本节将从管道、建库、模型参数化展示和碰撞检查这几点来重点说明各个软件的优缺点，我们应该怎样去取舍，来更好地服务流程工厂设计。

2.1.1 管道功能，当数 Plant 3D

在流体工厂的建设中，管道的设计和布局是非常重要的。前期的规划、管道的走向、管廊的设计等，将贯穿整个项目，甚至需要反反复复地修改和调整，有着很重要的地位。

在 PDMC 中，可以画管道的软件有 AutoCAD Plant 3D、Autodesk Inventor 和 AutoCAD MEP 等，AutoCAD MEP 主要以暖通为主，下面主要对 AutoCAD Plant 3D 和 Autodesk Inventor 这两款软件中的管道功能做一个详细的比较。

打开 Plant 3D，在"常用"的"零件插入"里面就能看到布管功能（图 2-2）。

图 2-2 Plant 3D 布管

Inventor 将管道功能放到了"部件"里面，打开 Inventor 任意一个部件（iam 文件），就会在"环境"的"开始"里面看到"三维布线"和"三维布管"按钮（图 2-3）。

这两款软件的布管功能有一个共同的地方，就是都需要有库，这是大前提。当然一些基本的数据和材料，在软件安装的时候就已经准备好了，可以拿来直接使用。但是针对有自己公司特点的部件，项目中的专有的管材，还是需要我们自己去建库。无论哪一款软件，建库都是一个很烦琐的工作，而且软件和软件之间的库还不能通用，所以在软件的选用上，我们需要提前仔细考虑好，选择哪一款软件来为自己服务，以免走弯路。

图 2-3　Inventor 三维布管

总的来说，Plant 3D 在管道方面有以下几个优势：

① 建库方便。因为 Plant 3D 是在 AutoCAD 的基础上工作的，所以它主要以块为主来建库，并且按照等级来划分管路，非常方便我们制作和管理库。

② 绘图便利。我们将规则确定好之后，绘制管道的时候，法兰、弯头、三通等都可以根据规则自动添加和删除。特别是在初期的规划中，需要经常对管道的走向进行修改和重新规划，使用 Plant 3D 的话将会大大降低绘图工作的负担。

③ 在管道方面，Plant 3D 还有一个 Inventor 所没有的优势，那就是自动出 ISO 图。最终我们需要将管道图以 ISO 图的形式反映到二维图纸上，Plant 3D 有专门的单线图工具可以方便地出 ISO 图。

除此之外，Plant 3D 还有很多方便绘图和材料统计的工具，如材料的统计、PID 与三维管道的映射等，这里就不再一一叙述。如果遇到与管道相关的工作的话，推荐大家以 Plant 3D 为核心来进行管道的绘制，它将会给我们带来很多的便利并提高效率。

2.1.2　Plant 3D 的元件库和等级库

当前各个软件的库无法通用是一个非常大的弊端。因为建库本身也是一个"体力活"，这也迫使我们不得不在软件使用之前进行对比和筛选，确定以哪个软件为中心来使用和建库。

Plant 3D 是以等级驱动的方式来建立库的，非常适合三维管道的绘制和设计。甚至我们还可以通过表格文件来大批量地修改填写数据，这将会大大减轻重复数据填写的疲惫感，对效率的提高有很大的帮助。

点击电脑左下角的"开始"（以 Windows10 为例），找到"AutoCAD Plant 3D 2022"文件夹，点击打开后，会看到"AutoCAD Plant 3D Spec Editor 2022"快捷图标（图 2-4），点击打开它，就能看到 Plant 3D 的等级库和元件库画面（图 2-5）。

图 2-4　AutoCAD Plant3D Spec Editor

图 2-5　等级库和元件库

2.1.3　高效率的 Inventor 部件参数化

图 2-6　iLogic 功能

Inventor 有一个 PDMC 里面其他软件所不能比拟的功能，就是能够很简单地对部件设备进行参数化设计。通过表格文件将各种数据整理好，再利用 iLogic 功能（图 2-6），就可以对系列化的部件进行简单的建模和出图，非常方便。

在项目设计中，经常需要创建一些阀门、配件等。大家直接用 AutoCAD 来建模来创建也是可以的，但是 AutoCAD 没有 Inventor 这样通过 iLogic 添加规则来生成新的部件模型的功能，对可以重复使用的以及通过简单的修改就能再利用的部件，使用 Inventor 来建模会非常高效。

2.1.4　使用 AutoCAD 创建流程图

图 2-7　切换系统

Plant 3D 有自己单独的 PID 系统。打开 Plant 3D 后，通过右下角的系统切换，可以很快进入到 PID 的绘图画面里（图 2-7）。

但是对于初学者来说，AutoCAD Plant 3D 的 PID 功能有很多烦琐的设定，而且用 PID 绘制出来的图和泛用的 AutoCAD 绘制的图没有互换性，很多时候不太方便我们和未使用 Plant 3D 软件的公司、部门进行图纸交流。

所以在刚开始使用 Plant 3D 的时候，建议大家将精力先放到三维管道的绘制学习上，待将来有时间的时候再慢慢学习和使用 Plant 3D 自带的 PID 功能来绘制流程图。

很多公司都会有自己的一套 PID 流程图绘制方法和工具，在 Plant 3D 绘制三维管道的时候，可以不用它自带的 PID 功能来绘制流程图，这对三维管道的绘制没有影响。在很多情况下，我们为了和自己的配套公司充分地交流，不得不选择泛用的 AutoCAD 软件来进行流程图的设计。

2.1.5　发挥 Plant 3D 的长处，快速建模

项目设计的初始阶段，选择使用 Plant 3D 的"设备"功能来建模。Plant 3D 有针对项目建设用"设备"创建的功能（图 2-8），它已经给我们预备好了很多的参数化设备（图 2-9），只需填写数值即可创建设备模型，对快速创建项目设备起着很大的作用。

图 2-8　设备

另外，Plant 3D 对已经创建好的设备有样板保存功能（图 2-10），我们可以将自己常用的设备设定一次之后保存为样板，并且其还能复制到其他的项目中使用。

在项目的初期规划阶段，尽量使用 Plant 3D 的设备功能来快速建模，将整个项目的整体观和全貌快速地拿到大家面前，让项目的参与者、决策人有一个直观的、三维的感觉，对防止人为的失误有很大帮助。

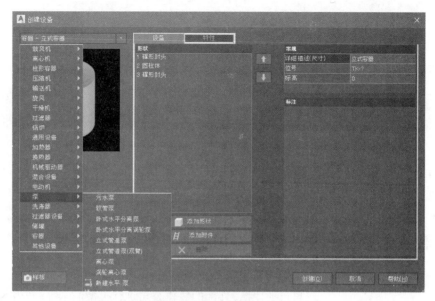

图 2-9　创建设备

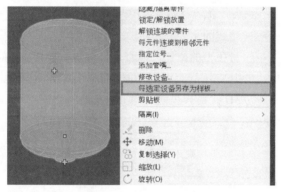

图 2-10　设备另存为样板

2.1.6　精确建模与 Inventor 的参数化设计

在项目初期规划结束后,我们有时候需要对设备进行精确建模,比如内部的结构,这是 Plant 3D 设备建模无法表达的,这个时候就需要使用 Inventor 来为我们服务。

Inventor 的 fx 参数化设计(图 2-11)、iPart 功能(图 2-12)、iLogic 的规则设计工具(图 2-13)以及 Excel 的表格文件,这些都将给我们的工作带来便利。

图 2-11　参数化设计

图 2-12　iPart 功能

图 2-13　iLogic 功能

2.1.7　Navisworks 的 3D 展示和碰撞检查

图 2-14　Navisworks 对应的文件格式

管道、设备都设计完之后，我们需要对它们进行碰撞检查，与自己的团队、外部的协作公司进行模型演示等。利用 Navisworks 来实现这些功能，是一个非常好的选择。

首先 Navisworks 能导入很多格式的文件（图 2-14），它能将不同格式的文件汇总在一个平面里，让我们能够在一个平台上去确认各种模型的位置，检查是否有碰撞和重叠等问题发生（图 2-15）。并且它还具有返回功能，能让我们迅速地返回到 Inventor 或者 Plant 3D 上对模型进行修正。

图 2-15　碰撞检查

Navisworks 可以将汇总后的文件合并为一个新的文件，格式为 NWD，然后可以和免费版本的 Navisworks Freedom 一起发送给配套单位，非常方便我们进行文件交流。

另外，Navisworks 还给提供了在模型演示中的测量、批注、标记、试点保存、云线等功能，非常方便现场的操作和记录（图 2-16）。

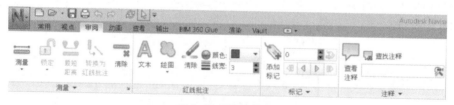

图 2-16　测量和批注

虽然 Plant 3D 和 Inventor 也可以投影演示，但是在效率和功能上是无法和 Navisworks 相比的。并且 Navisworks 汇总后生成的 NWD 文件容量不大，不占内存，不会让我们有沉重感，非常适合我们现场演示。

2.1.8　AutoCAD 的块与图纸集管理

块和图纸集是 AutoCAD 和 Plant 3D 里面的基本功能之一，也是非常重要的功能。我们在插入选项卡里面能看到块和块定义的面板（图2-17），另外在新建菜单里面能找到图纸集的命令（图2-18）。

图 2-17　块

图 2-18　图纸集

块功能无处不在，绘图、P&ID、做元件库都需要利用块的功能。将布局和图纸集功能充分地结合起来，会让我们的工作事半功倍，效率将大大提高。

2.2　PDMC 的流程工厂建模思路

前面详细介绍了各个软件的优点以及怎样应用到流程工厂的设计工作上。为了方便大家进一步理解，现将各个软件的功能简化为一个表格（表2-1）。

表 2-1　软件应用一览表

项目	Plant3D	AutoCAD	Inventor	Navisworks
管道功能	◎	✕	△	✕
建库	◎	✕	△	✕
部件参数化	△	✕	◎	✕
EFD	△	◎	✕	✕
快速建模	◎	✕	△	✕
精确建模	△	✕	◎	✕
3D 展示	△	✕	△	◎
碰撞检查	△	✕	△	◎
块，图纸集	◎	◎	✕	✕

注：◎—本书推荐；△—可以考虑；✕—不推荐。

任何软件都会有优点和不足的地方，我们尽量利用它的长处，并将各个软件的长处结合起来作为自己的一个工具，将它们用在刀刃上，这将会非常方便我们的工作。

项目设计的基本流程可以参考图2-19，从左到右，循序渐进，依次进行。

如果能再结合着表格文件、字符功能、图纸集功能等来展开工作，将会让我们的工作效率更高（图2-20）。

对于初学者，我们也不要被上面的介绍给吓倒。大家可以先从三维建模和画三维管道开始（图2-21）。

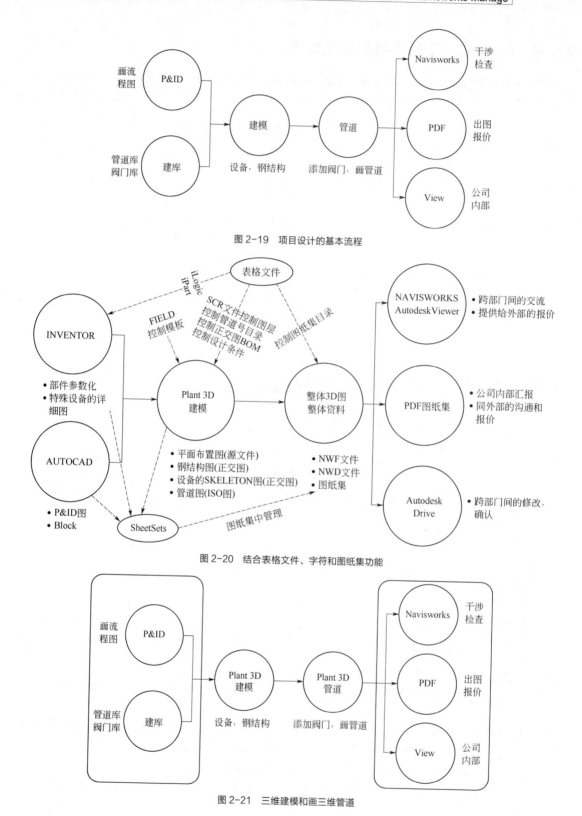

图 2-19　项目设计的基本流程

图 2-20　结合表格文件、字符和图纸集功能

图 2-21　三维建模和画三维管道

世上无难事，只要肯攀登。我们绘图设计也是一样的。一点一点地去掌握和学习，并结合自己的实际工作，参考本书的操作和说明，相信你一定能找到一条适合自己的路来高效地工作。

第 3 章 Plant 3D 在流程工厂中的基本操作

通过前面两章的讲述，可以看出在流程工厂设计中，Plant 3D 占有着重要的地位。本章开始，从浅入深，详细介绍 Plant 3D 的前期设定和实际操作，为方便大家的理解，也可扫码观看视频讲解。这里使用的 Plant 3D 版本为 2022 版。

3.1　Plant 3D 简介

AutoCAD Plant 3D 是一款工厂设计、管道布置的专业软件。在欧特克（Autodesk）的官方网站，点击左上角的"产品"，就可以看到欧特克的三大产品集。点击"产品设计与制造"中的"AutoCAD"（图 3-1）。

继续点击左边菜单中的"包含的工具组合"就可以看到"Plant 3D 工具组合"（图 3-2）。

打开 Plant 3D 工具组合后，这里有对 Plant 3D 的各种介绍和说明（图 3-3）。还有一些视频可以观看，能让我们对 Plant 3D 有一个初步的了解。

AutoCAD Plant 3D 是流程工厂设计的一把利器。它是 Autodesk 公司在 AutoCAD 的基础上开发出来的一个流程工厂用三维软件。对熟悉 AutoCAD 的朋友来说，这款软件非常容易上手和掌握。

图 3-1　产品设计与制造中的 AutoCAD 选项

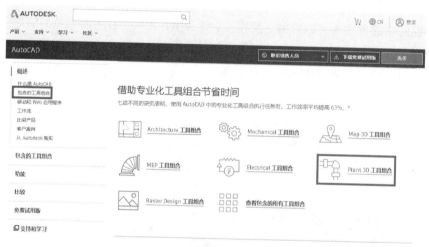

图 3-2　Plant 3D 工具组合

Plant 3D 工具组合功能

协作和 P&ID

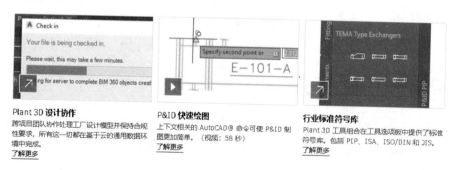

Plant 3D 设计协作
跨项目团队协作处理工厂设计模型并保持合规性要求，所有这一切都在基于云的通用数据环境中完成。
了解更多

P&ID 快速绘图
上下文相关的 AutoCAD® 命令可使 P&ID 制图更加简单。（视频：58 秒）
了解更多

行业标准符号库
Plant 3D 工具组合在工具选项板中提供了标准符号库。包括 PIP、ISA、ISO/DIN 和 JIS。
了解更多

图 3-3　Plant 3D 详细介绍

前面第 2 章已经简单介绍过 Plant 3D 的基本功能了，这里再详细罗列出它的几个主要功能。

① P&ID 设计：流程图绘制工具。有自己独特的操作系统和快捷的操作工具。

② 设备建模：可以实现参数化的设备模型建立。搭积木般的建立模型，更方便我们去修改和再利用。

③ 三维管道：就如同画直线一样，可以让我们很直观地去实现管道的创建工作。

④ 出正交图：包含管道，可以设备的各个视图，以投影的方式简单生成。

⑤ 出 ISO 图（管道图）：可以将三维管道的信息，真实地反映到图纸上。

⑥ 输出图纸数据：拥有将数据输出到 Excel 表格的功能。

⑦ 管道元件库和等级库的创建：以等级驱动为主的管道库的创建。

⑧ 项目的统一管理：项目管理器，可以将各种文件汇集一处。

如果你是初学者的话，建议在使用 Plant 3D 的时候，先从设备建模和三维管道的绘制开始。

虽然 Plant 3D 里面的 P&ID 功能非常强大，也为我们准备了很多相对应的工具，能让我们迅速地创建一个流程图（P&ID）。但是熟悉并完全得心应手地使用 P&ID 的各种功能还需要花费一些时间，我们先把精力放在比较容易上手的设备建模和三维管道上，待对 Plant 3D 有了一定的了解之后，再进行 P&ID 功能的学习也不迟。在使用 Plant 3D 初期，即使没有使用 P&ID 的功能，也不会影响我们的建模和三维管道的设计。

在工厂建设的前期规划和设计时，需要经常对模型进行修改和调整。通过前面的介绍，相信大家能够理解使用 Plant 3D 进行流程工厂设计的优势。

在刚才浏览的 Plant 3D 工具组合的网站上，除了能了解 Plant 3D 的功能以外，还能够免费下载 "The Benefits of using the Plant 3D toolset in AutoCAD" 研究报告（图 3-4），

这份报告对使用了 Plant 3D 进行流程工厂设计和没有使用 Plant 3D 进行流程工厂设计进行了详细的比较，根据这份报告中的研究，Plant 3D 可以让我们的工作效率提高 74%，大大缩短了我们在流程工厂设计上的工期。

从 2021 年开始，Plant 3D 已经属于 AutoCAD 的 7 个项目组合里面的一员，只要采购了 AutoCAD 就可以使用 Plant 3D 这个组合工具。

图 3-4　Plant 3D 研究报告

3.2　Plant 3D 的基本设定

前面详细介绍了 Plant 3D 的基本功能，可以在流程工厂设计上提高我们的工作效率。但是在使用之前，还需要做一些准备工作，需要对 Plant 3D 进行一些基本的设置。这里以 AutoCAD Plant3D 2022 为例，详细解说。

3.2.1　新建项目

在开始设计之前，需要新建一个项目，并对项目进行设定。所有绘制和加工的文件都将放在这个项目里面。Plant 3D 自带项目管理器，经过一定的设定之后，不但方便绘图，更能像软件管家那样，使我们一目了然地对项目进行管理。

（1）文件夹创建

开始 Plant 3D 工作的第一步就是新建一个项目用的文件夹。新建完项目文件夹并设定之后，Plant 3D 将会自动给我们生成很多的文件，为了方便管理这些文件，在新建项目之前需要设定一个文件夹，让 Plant 3D 生成的文件都自动保存到这个文件夹里即可。文件夹保存的位置

没有要求，放到自己电脑里常用的地方就行。

> 这里大家需要注意，项目的文件夹最好不要放到云盘上，最好保存到自己的电脑里。云盘在项目同步的时候发生的时间差，可能会损坏 Plant 3D 项目里面的文件，以至于使整个项目文件的运行受到影响。

图 3-5 就是新建项目文件夹后，Plant 3D 自动生成的文件，所以在新建项目之前，需要先建立一个文件夹。为方便后面的理解，在这里将文件夹的名字随意设定为"MOON"。这个文件夹不单单保存项目自己的文件，还可以将与项目相关的其他文件，如表格文件、PDF 文件、NWC 文件等都保存到这里，以方便对项目的管理。

（2）新建项目

① 安装完 Plant 3D 2022 之后，一般桌面上会自动生成快捷方式（图 3-6），如果桌面没有这个快捷方式，通过电脑系统的菜单也可以找到"AutoCAD Plant 3D 2022"的桌面快捷方式。双击打开它。

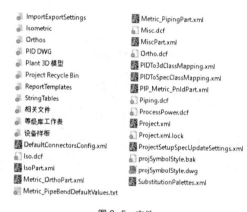

图 3-5　文件

图 3-6　Plant 3D 桌面快捷方式

② 等 Plant 3D 打开之后，可以在画面的左边部分看到项目管理器面板，点击下三角图标（图 3-7），找到新建项目命令并点击它。

如果在画面里面找不到项目管理器面板，可以先任意新建一个图形，然后点击"常用"选项卡，找到"项目"里面的"项目管理器"，点击后就显示出来了（图 3-8）。

图 3-7　新建项目

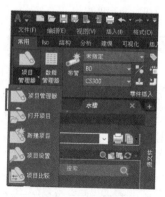

图 3-8　项目管理器

③ 打开"指定常规设置"对话窗口，按下面的设定进行填写和选择（图 3-9）。

输入此项目的名称：MOON（可随意填写，汉字也可以）。

输入可选说明：可随意填写，也可以空白不填。

指定存储程序所生成文件的目录：点击最右边方框，指定项目保存的文件夹，文件夹名称用汉字也可以。

复制现有项目中的设置：可以空白，此处如果过去有项目设置，可以通过这个设定进行复制。

最后点击"下一步（N）"。

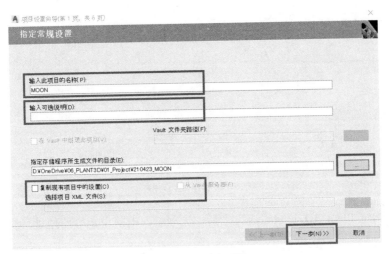

图 3-9　指定常规设置

④ 打开"指定单位设置"，按照国标的习惯，选择公制和毫米之后，点击"下一步（N）"（图 3-10）。

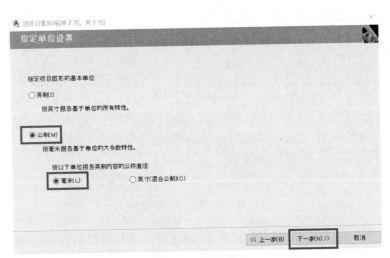

图 3-10　指定单位设置

⑤ 打开"指定 P&ID 设置"之后，有两处需要设定的地方。如果是初学者，这里可以直接点击"下一步"（图 3-11）。设定的地方的含义如下：

指定储存 P&ID 图形的目录：此处为电脑自动设定的地址。

选择要使用的 P&ID 符号标准：此处为电脑设定的 PIP。

PIP 为流程工业实践协会缩写；ISO 为国际标准化组织缩写；DIN 为德国标准化学会缩写；JIS-ISO 为日本工业标准缩写。

图 3-11　指定 P&ID 设置

⑥ 打开"指定 Plant 3D 目录设置"之后，无须修改电脑设定好的地址，直接选择"下一步"即可（图 3-12）。

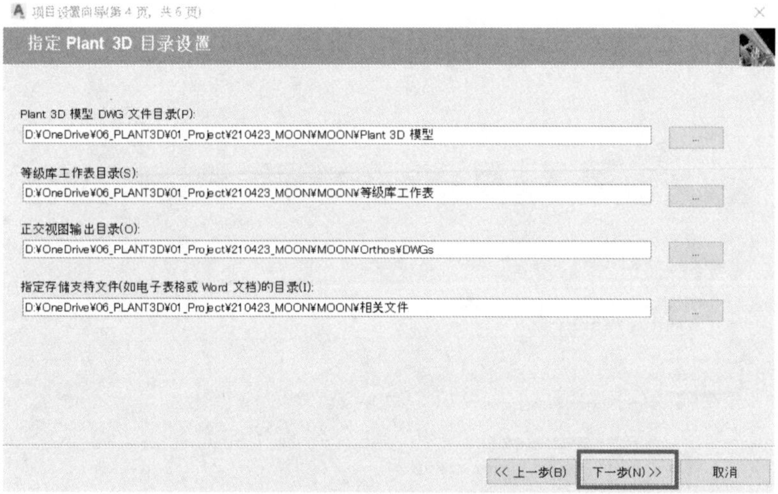

图 3-12　指定 Plant 3D 目录设置

⑦ 打开"指定数据库设置"之后，对于个人用户，无须修改电脑的设定，直接选择"下一步（N）"即可（图 3-13）。

如果为团队多人使用的话，需要提前设定好数据库，之后才能选择"多用户"来进行 SQL 的设定。

⑧ 打开"完成"页面之后，无须修改电脑的设定，直接选择"完成（F）"（图 3-14）。后面将会详细进行"编辑其他项目设置"，所以此处空白即可。

图 3-13　指定数据库设置

⑨　此时电脑将会关闭"项目设置"窗口，自动返回开始画面。可以通过"项目管理器"看到我们设定好的项目（图 3-15）。Plant 3D 将会自动生成下面 4 个文件夹：P&ID 图形，EFD 图形将放置到这个文件夹里；Plant 3D 图形，我们的设备建模，都将放到这里；管道等级库；相关文件。

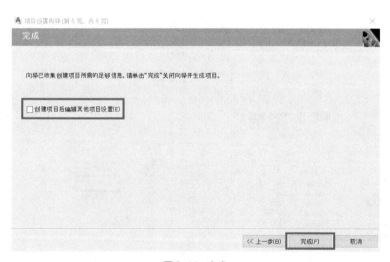

图 3-14　完成

图 3-15　项目管理器

到此项目设置就结束了。

3.2.2　管道位号的设定

新建完项目文件之后，需要进入到"项目设置"里面，对管道的编号进行设置。在 Plant 3D 里面，如果管道没有编号的话，即使三维的管道画好，也无法进行 ISO 图的制作。另外，虽然在三维管道绘制后也可以进行编号和对三维管道进行管道编号的添加，但是很容易发生零件忘记添加的情况，所以最好在绘制三维管道之前，提前对管道编号进行规划和设定。

（1）管道编号规则

对于管道编号，每个公司都有自己的习惯和标准，有的按照中国石油和化学工业联合会的标准来执行，有的就完全依照自家公司的标准来设定。这里以下面几个常用的部分为例，对管道进行编号设定的说明。

介质—管线号—管道尺寸—等级库—绝热

（2）介质的设定

打开"项目设置"，找到"Plant 3D DWG 设置"里面的"Plant 3D 类别定义"下面的"P3d 线组"（图 3-16）。然后，继续选择"Service"，点击"编辑"（图 3-17）。

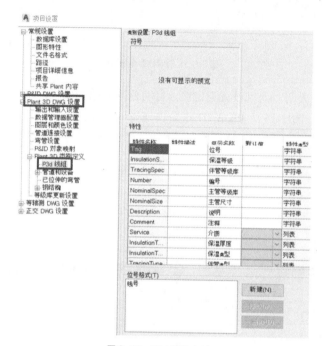

图 3-16　P3d 线组（1）

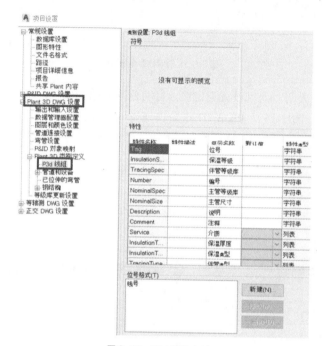

图 3-17　Service

　　"选择列表特性"对话窗口将会弹出来。软件自身已经添加了很多介质，在这里可以选择"添加行"进行新的值的添加，也可以选择"删除行"，对已有的介质进行删除（图 3-18）。例如我们想添加一个名称为"空气"的介质，点击"添加行"，"添加行"的对话窗口将会弹出来，在"值"的地方输入空气介质的字母代码，如"AA"，在"说明"的地方填写"空气"，然后点击"确定"（图 3-19）。

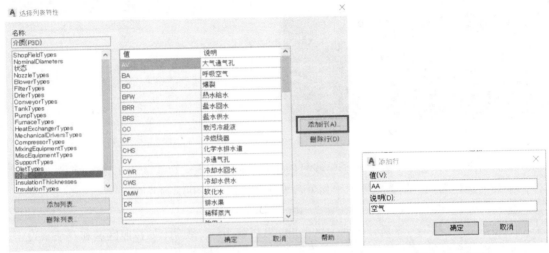

图 3-18　选择列表特性

图 3-19　添加行

　　这个时候返回到"选择列表特性"对话窗，就会看到空气这个介质已经添加进去。然后点击"确定"，完成介质的修改（图 3-20）。

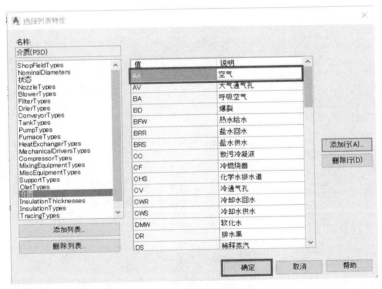

图 3-20　完成介质的修改

（3）管线号

管线号不需要在项目里面设定，我们在绘制管道的时候直接手动输入即可。

任意新建一个 DWG 文件，在"常用"选项卡的里面，点击"布管"右边的"未指定"，然后点击"布设新线"命令（图3-21）。

这个时候"指定位号"对话窗将会弹出来，"编号"的右边就是填写管线号的地方（图3-22）。

图3-21 布设新线（1）

图3-22 指定位号

公司不同，习惯也不一样。对于管线号的设置规则，大家可以参考以下思路来进行制定。

① 按区域：将项目根据布置图来划分若干区域，比如从001到099。

② 按介质：比如蒸汽为100，污水为500这样。

也有按照图纸的编号来进行管线号区分的，这里就不一一说明。如按照区域和介质来设定，填写001100这样的管线号，就可以知道这根管道是001区域里的蒸汽管道。

（4）管道尺寸的设定

管道的尺寸设定需要通过项目设置来完成。

通过"项目管理器"来到"项目设置"，找到"Plant 3D类别定义"里面的"P3d线组"（图3-23），然后点击"添加"按钮。

图3-23 P3d线组（2）

这个时候"添加特性"对话窗口将会弹出来（图 3-24）。

- 特性名称：SIZE；
- 显示名称：SIZE；
- 选择类型：选择列表。

按照上面方式填写和选择后，点击"确定"。

"选择列表特性"对话窗将会继续弹出（图 3-25），点击"添加列表"后，在弹出来的"添加选择列表"的对话窗上，"新选择列表名称"下面填写"SIZE"，然后点击"确定"之后，将会返回"选择列表特性"对话窗。继续点击"添加行"。

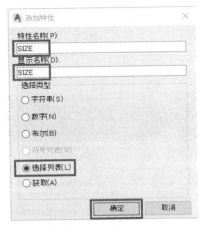

图 3-24　添加特性

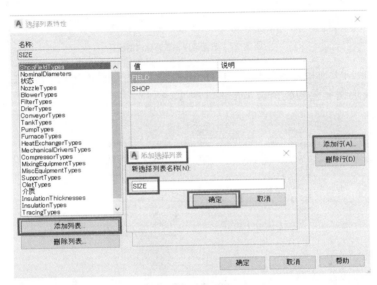

图 3-25　添加列表

"添加行"对话窗将会弹出来（图 3-26）。管道的尺寸就可以在这里输入到项目设置里。如在"值"的下面输入"DN15"，"说明"可以空白不填，然后点击"确定"，关闭"添加行"对话窗。

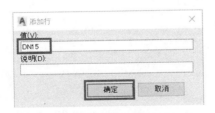

图 3-26　添加行对话窗

很遗憾，Plant 3D 不能一次性输入大量的值，我们只能重复上面的动作，继续点击"添加行"，将数值一个一个地输入进去。值输入完毕之后，点击"确定"，关闭"选择列表特性"对话窗（图 3-27）。

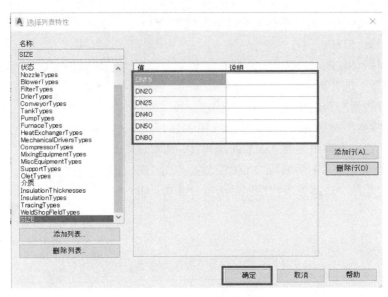

图 3-27　关闭选择列表特性对话窗

　　画面会返回来到"项目设置"里面的"P3d 线组"。找到刚才建立的 SIZE，会发现它的初始值为 DN15，我们需要将初始值改为空白（图 3-28）。

图 3-28　将初始值改为空白

　　改完之后，点击"应用"，这样就在项目里面设定好尺寸了（图 3-29）。

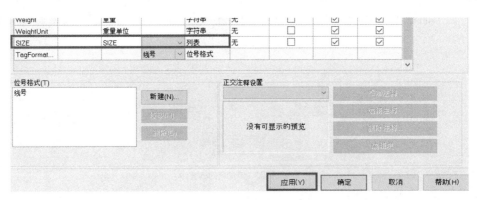

图 3-29　SIZE 添加

（5）等级库的设定

　　使用同样的方法在"项目设置"里面的"P3d 线组"里对等级库进行设定。

新添加名称为"SPEC"的列表，按照图 3-30 将等级库的值通过"添加行"进行添加。

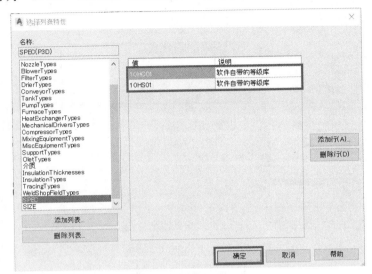

图 3-30　添加 SPEC 列表

同样，将刚才添加的 SPEC 的默认值改为空白，然后点击"应用"，就完成了对等级库的设置（图 3-31）。

图 3-31　完成等级库设定

（6）绝热的设定

在 P3d 线组里面可以找到"InsulationType"（保温类型），然后选择"编辑"（图 3-32）。软件本身已经添加了一些保温的类型，根据自己的需要通过"添加行""删除行"进行修改即可（图 3-33）。

特性名称	特性描述	显示名称	默认值	特性类型	获取	只读	在区域视图中可见	在对象视图中可见
TracingSpec		伴管等级库		字符串	无	☐	☑	☑
Number		编号		字符串	无	☐	☑	☑
NominalSpec		主管等级库		字符串	无	☐	☑	☑
NominalSize		主管尺寸		字符串	无	☐	☑	☑
Description		说明		字符串	无	☐	☑	☑
Comment		注释		字符串	无	☐	☑	☑
Service		介质		列表	无	☐	☑	☑
InsulationThickness		保温厚度		列表	无	☐	☑	☑
InsulationType		保温类型		列表	无	☐	☑	☑
TracingType		伴管类型		列表	无	☐	☑	☑
Locked		锁定状态		字符串	无	☑	☑	☑

图 3-32　保温类型

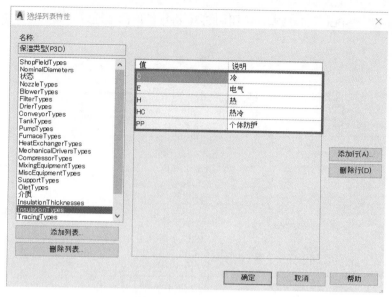

图 3-33　修改保温类型列表

（7）位号格式设定

在 P3d 线组的最下方，可以看到位号格式设定的画面（图 3-34）。前面我们将位号格式设定所需要的准备工作都做好了，为了能让我们在绘制管道的时候使用到自己的这些设定，需要新建一个自己用的位号格式。

直接点击图 3-34 中的"新建"按钮来新建位号格式。如果先点击已经建好的位号格式"线号"，然后再点击"新建"，这样新建的位号格式就会将线号里面的设定直接复制过来作为副本，在这个副本的基础上去新建位号格式将会省力一些。

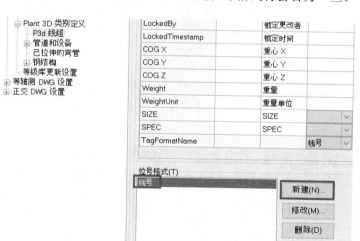

图 3-34　位号格式新建

"位号格式设置"画面弹出来后，将"格式名称"修改为"Line Number2"，然后在"子部分数"的右边，点击朝上的三角形，将数值改为"4"，然后点击"字段"设置的第一行最前面的选择类别特性图案（图 3-35），这个时候"选择类别特性"窗口将会弹出来，选择"介质"，然后点击"确定"（图 3-36）。

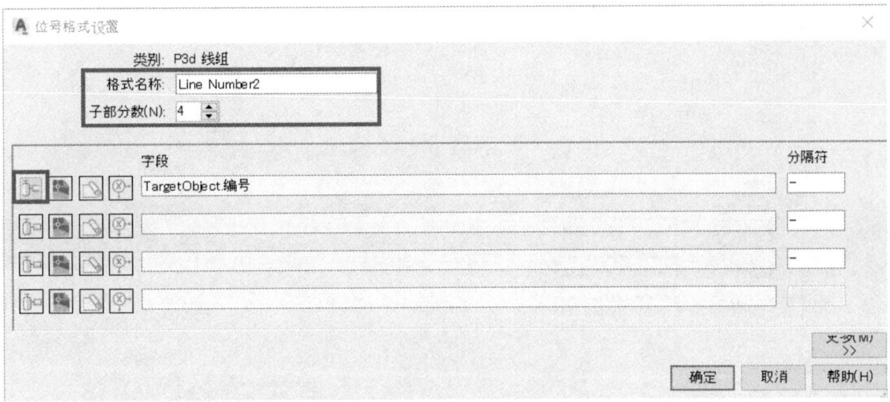

图 3-35　位号格式设置

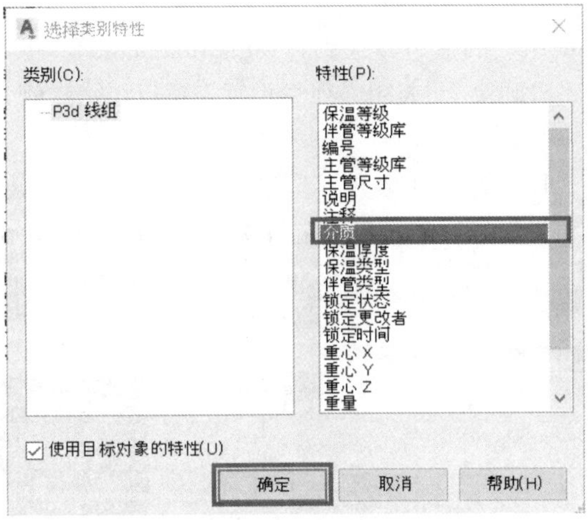

图 3-36　选择类别特性

画面将会返回"位号格式"设置窗口（图 3-37），可以看到，第一行的字段已经变为了介质。

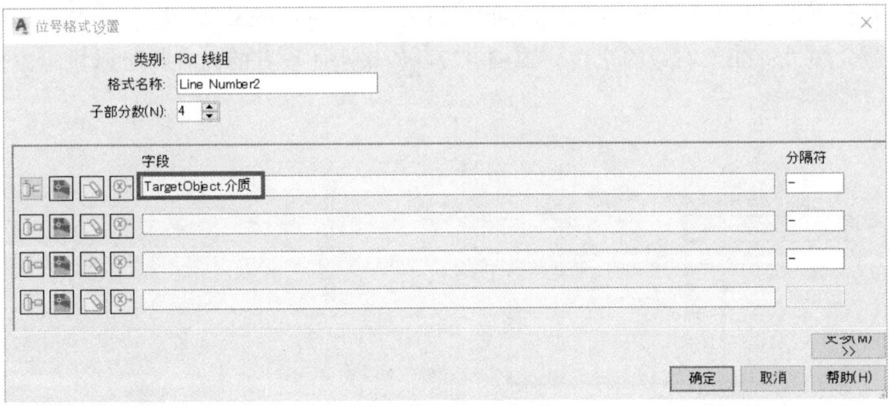

图 3-37　字段设置

　　同样的道理，将剩下的 3 行字段，按照上面的方法，分别依次点击最前面的选择类别特性图案，在"选择类别特性"里面将它们改为"编号""SIZE"和"SPEC"，最后点击"确定"，这样新的管线位号格式"Line Number2"就建立好了（图 3-38）。

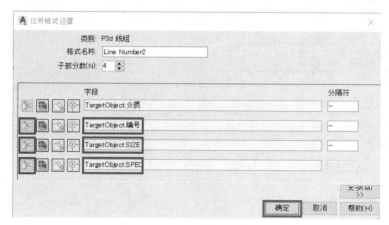

图 3-38　字段设置

　　画面将会返回"P3d 线组"的窗口，找到"TagFormatname"，将默认值修改为刚才建立的"Line Number2"，最后点击"确定"，关闭"项目设置"窗口，这样就完成了对管线位号格式的设定（图 3-39）。

　　设定完管线位号之后，我们需要检验一下看有没有问题。任意新建一个 DWG 文件，在"常用"选项卡的里面点击"布管"旁边的"未指定"，找到"布设新线"命令并点击它（图 3-40）。

图 3-39　TagFormatname 设置

图 3-40　布设新线（2）

　　可以看到"指定位号"按照我们设定的位号格式"Line Number2"显示了出来（图 3-41），点击"介质"和"SIZE"右边的空白（图 3-42），如果刚才设置的内容都可以显示出来的话，就说明设定没有问题。

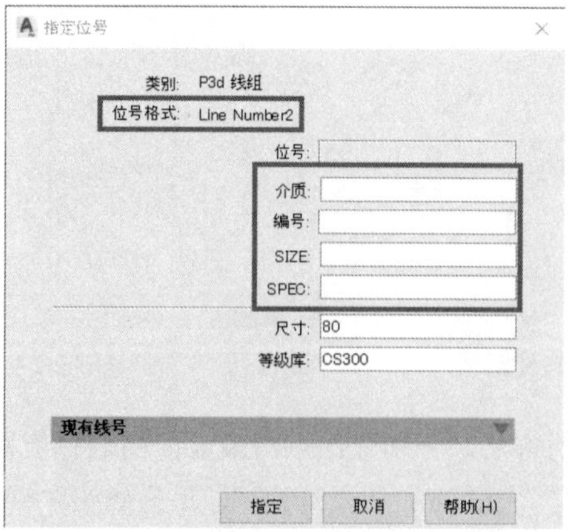

图 3-41　指定位号按设定的位号格式显示

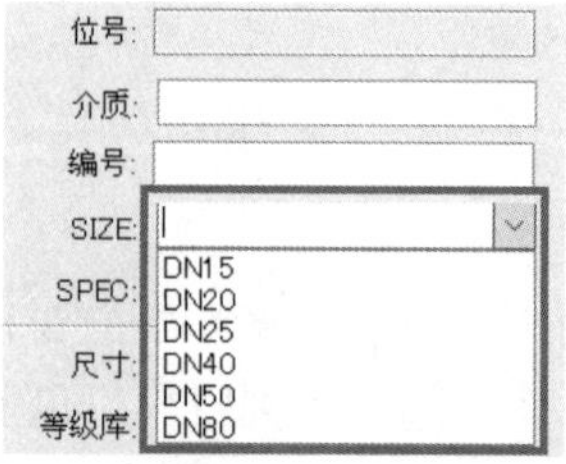

图 3-42　SIZE 的确认

3.2.3　管道图层的设定

除了管线位号的设置以外，还需要在项目设置里面，对图层提前设置一下。Plant 3D 可以通过图层，对管线号的颜色进行控制和管理，下面将设定的方法详细介绍一下。

如果项目设置已经关闭了的话，右键点击"项目名称"，重新选择"项目设置"打开它（图 3-43）。

在"Plant 3D DWG 设置"里找到"图层和颜色设置"点击打开（图 3-44）。

点击"新建"（图 3-44），弹出"新建自动方案"窗口（图 3-45）。

"名称"随意填写，不修改也可以，"基础样式"不用修改，按照电脑的设定选择"Default"，然后点击"确定"即可。

图 3-43　打开项目设置

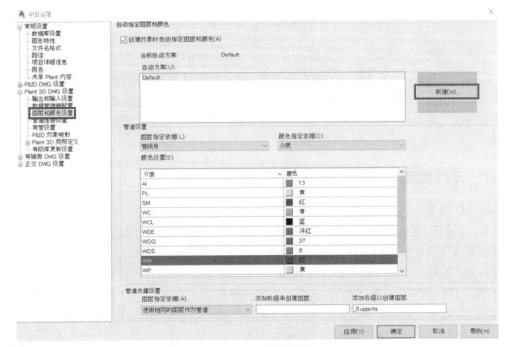

图 3-44　图层和颜色设置

对于"基础样式"，如果自己以前的其他项目中有已经设定好的，可以更换选择。这样，我们就可以对管道进行颜色的设定了（图 3-46）。

除了按照介质来区分颜色以外，也可以根据等级库、保温的类型等进行设定，这里我们按照介质来区分颜色，这样在后面的三维管道绘制中，可以根据颜色迅速区分管道（图 3-47）。

图 3-45　新建自动方案

图 3-46　管道颜色设置

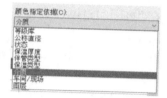

图 3-47　颜色指定依据

最后点击"确定"，就可以结束图层的设定了。

在这里有人会问，我们为什么不在 Default 上直接设定，而需要新建一个呢？

其实直接在 Default 上设定没有任何问题，但还是希望大家能养成一个好习惯，尽量不去修改项目设置中电脑自身的设定，自己新建一个为好。万一在绘图过程中发现问题，我们还能通过恢复电脑自身的设定来查找原因，以避免将整个项目都删除重新建立。

3.2.4　元件库和等级库

Plant 3D 和其他的三维管道软件一样，库是必不可少的也是无法回避的问题。在绘制三维管道之前，我们还得了解一下元件库和等级库。

前面对项目设置里面的一些基本操作进行了讲解。下面返回项目管理器，新建一个项目后，会看到 Plant 3D 已经在源文件里自动建立了 4 个文件夹（图 3-48），其中一个就是我们这一节所要说的管道等级库文件夹。

① P&ID 图形：主要放置流程图的 DWG 文件。

② Plant 3D 图形：我们画的布置图、管道图、模型和设备都放到这里。

③ 管道等级库：与这个项目相关的等级库文件。

④ 相关文件：与项目相关的非 DWG 文件可以放到这个文件夹里，如 Excel 文件、PDF 文件、NWD 文件等。

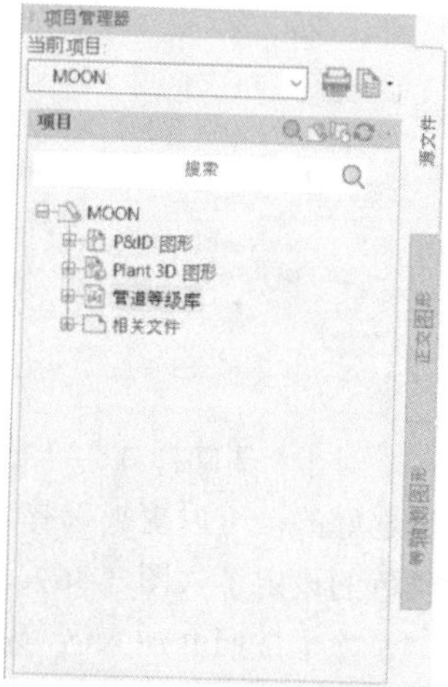

（1）管道、元件库和等级库之间的相互关系

画管道必然少不了管道以外的配件，例如弯头、法兰、垫片、阀门和仪表等，这些在绘制三维管道的时候，可以直接从工具选项板里面选取（图 3-49），另外，法兰、弯头、三通等将以数据驱动的方式自动显示到管道里。

图 3-48　管道等级库文件夹

那工具选项板里的这些管道上的配件又是怎样出来的呢？它们其实是和管道等级库挂钩的

（图 3-50）。

　　所谓的等级库，就是我们根据管道的特性而组合起来的一个文件。例如我们可以根据同样的材质去建立一个等级库，也可以根据同样的压力等级去建立一个等级库，根据我们的需要可以组合各种各样的等级库。也就是说，等级库就是我们画管道时用的一个配件库，根据要求和目的的不同，当管道需要切换的时候，我们相对应地去切换等级库即可。

　　等级库的文件格式为.pspx 和.pspc（图 3-51）。它们是成对出现的，所以我们复制和粘贴它们的时候需要将它们放到同一个文件夹里面。

图 3-49　工具选项板　　　图 3-50　管道配件与管道等级库挂钩　　　图 3-51　等级库文件夹

　　理解了等级库，下面大家不禁会产生疑问，这个等级库又是怎样来的呢？

　　等级库里面的所有配件，都是从元件库里面过来的。元件库就如同一个加工中心，等级库需要什么样的配件，必须在这个加工中心里制作才行。也就是说，等级库自己没有制作配件的功能，只能从元件库里面调用。

　　我们在具体画管道的时候，只需要等级库即可，并不需要元件库。但是当对等级库进行修改的时候，就需要元件库了。元件库文件格式为.pcat。

　　还有，我们将三维模型递交给第三方的时候，需要将等级库一起递交过去。没有元件库对项目的运行没有影响。也就是说，等级库和元件库都是相对独立的文件，它们之间不存在连接关系。

　　我们利用元件库的功能去制作元件，需要参考各种国家标准、行业标准，所以在画管道之前，标准的选择、项目的规则需要提前确定。

　　将上面的关系用图表达，见图 3-52。

图 3-52　管道和行业标准的关系

（2）空白的元件库

欧特克公司准备了很多元件库，我们可以从欧特克商店上下载免费的元件库，也可以自己制作元件库。

自己制作元件库的时候，首先需要一个空白的元件库文件，或者去改造软件自带的元件库文件。自己去做一个空白的元件库文件很麻烦，我们可以从欧特克的官方社区里获得空白的元件库文件。

（3）元件库资源下载

首先打开 Plant 3D，在首页的最右边可以看到 Autodesk App Store 的图标（图 3-53），点击进去之后，就可以打开 AUTODESK APP STORE。这个网站对应很多语言，点击语言切换，将它切换为中文（图 3-54）。

图 3-53　Autodesk App Store

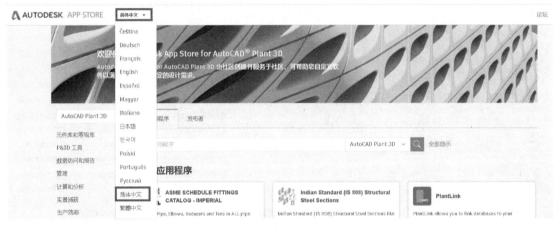

图 3-54　AUTODESK APP STORE

在搜索的窗口里面输入"pack"，点击"检索"，很快就能找到免费的"GB Piping Content Pack"（图 3-55）。

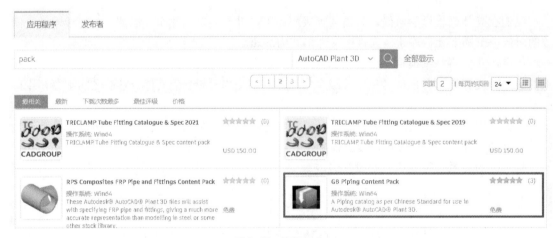

图 3-55　检索 pack

登录自己的欧特克会员账户后，就可以点击下载 GB Piping Content Pack（图 3-56）。

在自己的电脑里面，我们将获得 CPak_GB_Piping.msi 这样一个文件（图 3-57），双击安装它（图 3-58）。

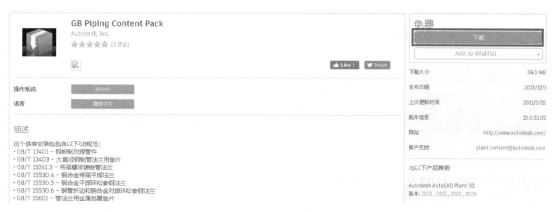

图 3-56　下载 GB Piping Content Pack

图 3-57　CPak_GB_Piping.msi

图 3-58　安装 CPak_GB_Piping

如果安装成功，将会出现如图 3-59 所示的画面，点击"Close"关闭这个画面，也可以点击"View Documentation"查看这个安装包里面有哪些库（图 3-60）。

图 3-59　安装成功

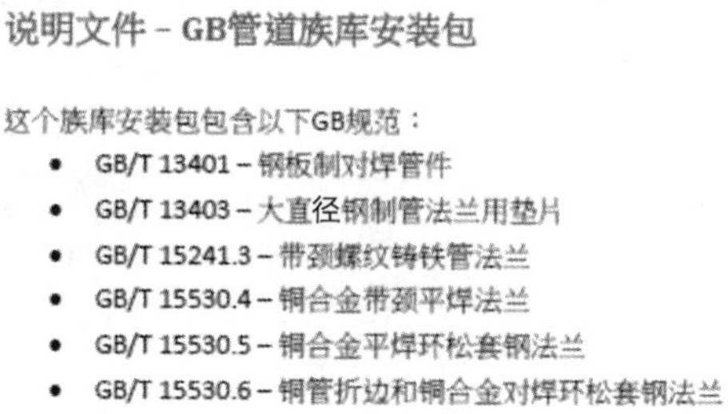

说明文件 - GB管道族库安装包

这个族库安装包包含以下GB规范：

- GB/T 13401 - 钢板制对焊管件
- GB/T 13403 - 大直径钢制管法兰用垫片
- GB/T 15241.3 - 带颈螺纹铸铁管法兰
- GB/T 15530.4 - 铜合金带颈平焊法兰
- GB/T 15530.5 - 铜合金平焊环松套钢法兰
- GB/T 15530.6 - 铜管折边和铜合金对焊环松套钢法兰

图 3-60　安装包说明

在电脑的 C 盘（C:\AutoCAD Plant 3D 2022 Content），会看到多了一个 Cpak GB Piping 文件夹（图 3-61）。

打开 Cpak GB Piping 文件夹，pcat 的元件库文件就可以看到了（图 3-62）。

在 Autodesk App Store 里面，还有很多欧特克公司准备的其他的元件库，包括食品医药行业用的卡箍元件等，都可以从那里下载。

图 3-61　Cpak GB Piping 文件夹　　　　　　　　图 3-62　元件库文件

3.2.5　项目管理器里的文件夹

3.2.4 节讲解了项目管理器里面的管道等级库文件夹，下面将其他几个文件夹也一一给大家说明一下。项目管理器就如同一个管家一样，通过它来整理项目里面的文件将会非常高效。

除了软件自动创建的文件夹以外，当然也可以根据自己的需要，主动创建新的文件夹。

（1）P&ID 文件夹

P&ID 文件夹，顾名思义就是放 P&ID 图纸的文件夹。一般，我们设计的和画的 P&ID 图纸都放到这个文件夹里面。我们可以在 P&ID 图纸的下面根据自己的需要，再去建立文件夹，以方便我们对图纸的管理。一般来说，按照区域建立文件夹来管理文件的方法比较普遍。

启动 Plant 3D，之后，右键点击"P&ID 图纸"，继续点击"新建图形"（图 3-63）。"新建DWG"的对话窗将会弹出来，一般只需填写"文件名"，点击"确定"即可（图 3-64）。

如果有自己定义的模板，可以通过"DWG 样板"进行切换和设定（图 3-64）。

图 3-63　新建图形

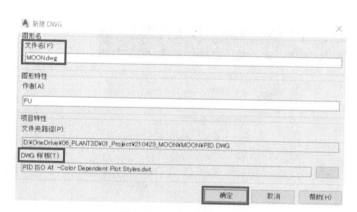

图 3-64　新建 DWG 设定

点击"确定"之后，P&ID 用的 DWG 图纸就会启动（图 3-65）。

在使用 DWG 作图之前，需要切换工作环境到 PID PIP（图 3-66），切换到 PID ISO、PID ISA、PID DIN 和 PID JIS-ISO 的工作环境也可以，本书以 PID PIP 为例。

这样我们可以看到，在画面的右边，工具选项板也一同切换到 P&ID PIP 的环境下了（图3-67）。

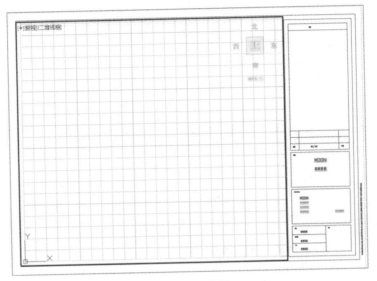

图 3-65　P&ID 图

图 3-66　切换工作环境为 PID PIP

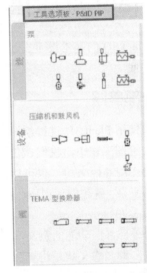

图 3-67　切换到 P&ID 的工具选项板

前面已经介绍过，对 Plant 3D 初学者来说，不太建议一开始就从画 P&ID 开始。建议大家可以先把 P&ID 功能的学习放在后面，因为在 Plant 3D 里面，即使不使用 P&ID 功能，也可以完成三维建模和管道建模。

等对这个软件有了进一步的了解和理解之后，再专注 P&ID 的使用也不会晚。

（2）Plant 3D 图形文件夹

我们设计的模型、搭积木建造的设备以及钢结构文件等都放在 Plant 3D 图形文件夹里面。还有管道的文件、平面图也都可以放到这个文件夹里来统一管理。

另外，为管理方便，在它下面还可以另外新建文件夹。在新建文件夹的时候，我们也可以对模板进行重新定义，以方便管理自己的文件（图 3-68）。

（3）相关文件文件夹

除 Plant 3D 的 DWG 的文件以外，其他与这个项目相关的资料还有很多，如 PDF 文件、XLSX

表格文件、Navisworks 的 NWD 文件等，都可以放到这个文件夹里面统一管理（图 3-69）。

图 3-68　在 Plant 3D 图形文件夹下新建文件夹

图 3-69　相关文件

3.3　Plant 3D 的基本操作

前面对 Plant 3D 的基本设定有了一定的理解，下面我们就一边操作一边介绍 Plant 3D 建模的基本方法。

3.3.1　外部参照

要学习和使用 Plant 3D 进行绘图设计工作，不得不先介绍一下"外部参照"功能。特别是在 Plant 3D 的绘图工作中，我们一定要先掌握好"外部参照"的方法和要领，它在 Plant 3D 的绘图中所起的作用是巨大的。也可以这么说，我们的项目越复杂，就越能体现出"外部参照"的重要性（图 3-70）。

（1）使用外部参照功能的意义

外部参照，顾名思义就是将别的 DWG 图纸，通过参照功能表示到当前的 DWG 图纸上。外部参照的命令为"XREF"，我们只需记住"XF"，在命令输入行中只输入 XF 就可以显示出外部参照面板。

在 Plant 3D 中，外部参照功能可以给我们带来诸多的便利：

① 在不改变当前图形大小的前提下，可以

图 3-70　外部参照

丰富当前 DWG 图形的内容。一个 DWG 文件的容量越大，电脑操作起来越沉重，以至于我们在绘图工作中经常发生卡顿或者死机现象。为避免这一现象，我们可以将设备、管道、钢结构等文件分成多个 DWG 文件，分别绘制，最后再统一参照到一个文件中即可。也就是说，我们可以根据自己的设计去参照多个 DWG 文件，在丰富文件图形内容的前提下，不会改变当前文件的大小。

② 方便对文件的管理。在 Plant 3D 的项目管理器里面，对文件数没有限制。可以利用这

一优点，按照自己的需要添加文件夹，将不同的设备，或者按照区域划分来分别制作 DWG 文件，以方便自己的管理。

③ 文件出现问题时，可以让损失减少到最小。在绘图过程中，DWG 有时候会出现一些无法立即解决的问题，严重时会导致无法打开 DWG 文件。大多数情况下，如果提前设定了备份功能的话，都可以通过备份的文件进行复原。但是有时候备份的文件也无法修复，就只能再重新设计当前这个 DWG 文件了。也就是说，如果每个设备都是一个独立的 DWG 文件的话，出现问题时能让我们的损失降到最低。

④ 方便项目设计中多种方案的检验。在项目初期方案设计的过程中，我们将"公共数据"单独作为一个 DWG 文件，然后将每个方案以不同的 DWG 文件表达出来，"公共数据"以参照的形式显示到各个方案里面，这样将会大大降低我们的工作量，也可以保持"公共数据"的一致性。

欧特克的官方网站建议单个 DWG 文件最佳大小为 5～10MB。也就是说，我们在绘图过程中，如果能将一个 DWG 文件的大小控制在 5～10MB，在电脑中使用的时候就可以保持很好的操作性能，不会感觉到明显的卡顿。

但是现实情况中的文件都不可能这么小。一个大的模型很容易就超过了这个范围。所以在控制 DWG 文件大小的同时也要提高硬件性能。

（2）外部参照功能的操作方法

在 Plant 3D 里，打开外部参照有以下几种方法。

① 第一种打开方法。首先任意打开一个 DWG 文件，然后直接右键选择想参照过来的另一个 DWG 文件，再继续选择"外部参照到当前 DWG"（图 3-71）。

"附着外部参照"画面就弹了出来（图 3-72），根据自己的需求，在画面里进行适当的设定之后，点击"确定"就可以实现参照了。

图 3-71　外部参照到当前 DWG

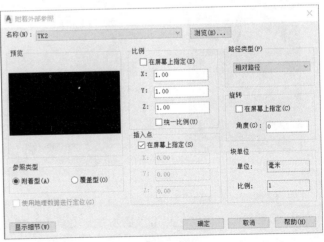

图 3-72　附着外部参照

② 第二种打开方法。在命令窗口处直接键盘输入"XF"，按 Enter 键之后就可以弹出如图 3-73 所示的画面。

③ 第三种打开方法。如图 3-74 所示，在菜单栏里找到"插入"里面的"外部参照"，左键

点击后也可以弹出图 3-73 所示的画面（如果你的 Plant 3D 画面没有显示菜单栏，请参阅第 1 章 1.4.3 节的解说）。

图 3-73　XF 参照命令

图 3-74　外部参照启动方法三

然后继续左键点击左上角的图标，选择"附着 DWG"之后（图 3-75），就会弹出"选择参照文件"画面，找到自己想要参照过来的文件，然后点击"打开"（图 3-76）。

图 3-75　附着 DWG

图 3-76　选择参照文件

选择想附着的 DWG 文件之后，就会弹出和图 3-72 一样的"附着外部参照"画面。

④ 第四种打开方法。点击"插入"选项卡，左键点击参照面板的右下角图标（图 3-77），就会弹出和图 3-72 一样的"附着外部参照"画面。

以上四种方法，哪种都可以使用，推荐大家使用 XF 命令的方法。

（3）附着外部参照的参照类型

前面介绍了 4 种打开外部参照的方法。这几种方法，最后都会弹出"附着外部参照"画面。在这个画面里面，我们首先会遇到一个难点，那就是"附着型"和"覆盖型"，要怎么选（图 3-78）。

图 3-77　参照选项板

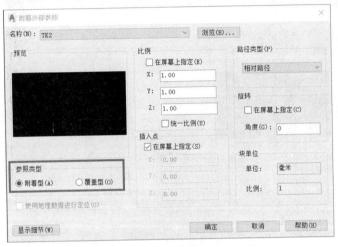

图 3-78　参照类型

① 附着型：当前的文件 A 如果已经存在着参照文件 B，当 A 参照到 C 文件的时候，B 也同样被参照过去。也就是说被参照的 DWG 文件会一直跟随着当前文件参照过去（图 3-79）。

② 覆盖型：当前的文件 A 如果已经存在着参照文件 B，当 A 参照到 C 文件的时候，B 不会被参照过去（图 3-80）。也就是说，参照文件将会是一一对应的关系，简单且管理方便。

图 3-79　附着型

图 3-80　覆盖型

Plant 3D 安装后默认的是附着型，但是在实际的项目设计工作中，覆盖型是比较常用的。特别是一个项目里面，如果大量使用外部参照的话，有可能会导致循环参照，所以选择覆盖型将会避免这样的情况发生。

（4）附着外部参照的其他选项

附着外部参照的参照类型理解了，我们继续看其他的选项（图3-81），其他的选项基本都为软件默认的设定。

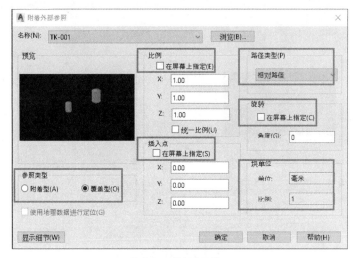

图 3-81　外部参照选项

① 参照类型：按照前面所叙述的，一般选择覆盖型。

② 比例：一般 X、Y、Z 都为 1，也不需要在屏幕上指定。

③ 插入点：一般 X、Y、Z 都为 0，不需要在屏幕上指定。

④ 路径类型：相对路径。

⑤ 旋转：不需要在屏幕上指定。

⑥ 角度：0。

⑦ 块单位：毫米。

⑧ 块比例：1。

> 要特别注意单位和比例，很多参照失败的原因就是这里单位和比例的设定不一致。

（5）参照选项板

将 DWG 文件参照进来之后，可以在参照选项板里对参照进来的文件进行管理。下面介绍几个常用的操作（图3-82）。

① 打开：通过参照选项板直接打开 DWG 文件。

② 卸载：还属于参照状态下，但是不会显示出来。

③ 重载：恢复上面卸载了的文件。

④ 拆离：将参照过来的 DWG 文件从面板上删除（源文件不会删除）。

当我们修改了被参照的文件之后，有时候并不一定能立刻反映到当前的文件上，这个时候就需要刷新或重载一下（图3-83）。

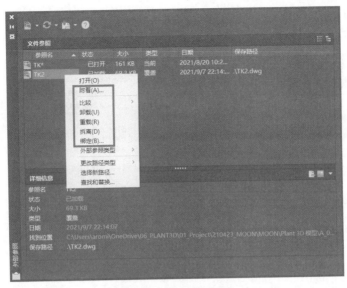

图 3-82　外部参照选项板

另外，外部参照除了 DWG 文件以外，图像、PDF 等文件，都可以按照附着的方式参照进来（图 3-84）。

图 3-83　刷新或重载

图 3-84　附着图像

3.3.2　平面布置图

理解了参照的重要性后，从这一节开始，来认识 Plant 3D 建模的"三板斧"：平面布置、建模和画管道。简单地说，建模就是这"三板斧"的重复利用，画好的平面图参照过来，定位和建模，然后再参照画管道。平面布置在项目规划中尤其重要。如果我们的设备、管道在平面图的基础上先定位再去绘制的话，将会大大节省我们的体力。

在 Plant 3D 中，布局和模型的选项默认是非显示的，我们需要提前设定一下。打开 Plant 3D 后，先任意打开一个文件，先点击左上角红色 A 图标，然后继续点击"选项"命令（图 3-85），"选项"对话窗就打开了。

"选项"的对话窗口打开后，切换到"显示"选项卡，在布局元素中找到"显示布局和模型选项卡"，勾选上，然后点击"确定"，关闭"选项"对话窗（图 3-86）。在画面的左下角，就可以看到模型和布局的切换按钮了（图 3-87）。

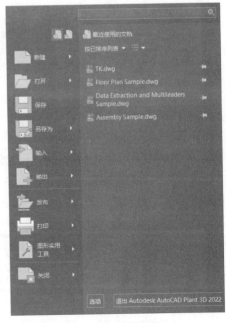

图 3-85　打开选项

049

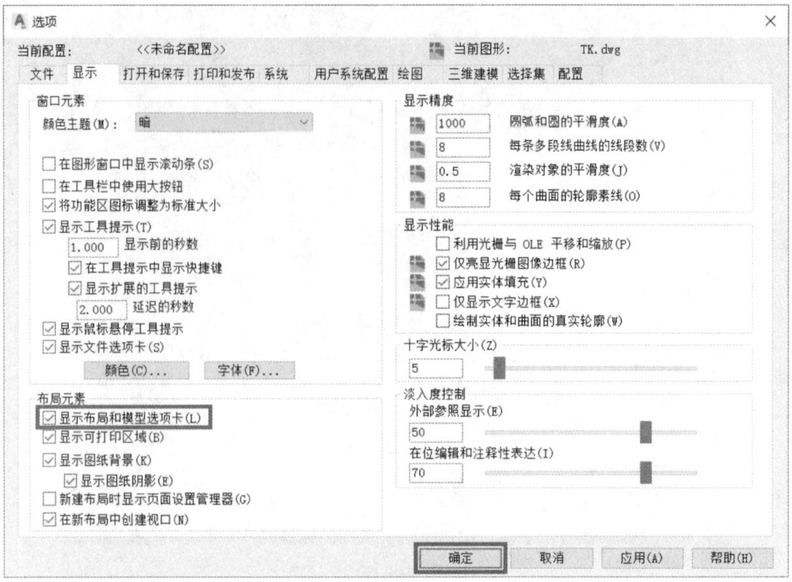

图 3-86　选项对话窗

经过上面的设定，Plant 3D 就可以和 AutoCAD 一样操作了，利用布局功能打印平面图和出图了。

平面布置在项目设计中非常的重要。我们项目规划时，尽量先将总的布局、主要设备的布置等确定好，将模型的坐标位置定位好，再进行建模。虽然在没有平面布置的情况下可以建模，可以出正交图，但是，正交图对设备的坐标位置有很大的依赖性，如果我们移动了设备，正交图的"更新视图"功能将会失效（图 3-88），我们不得不重新设定一次模型在正交图上的投影。如果只有一两个模型，可能你感觉不到什么，当修改的模型很多时，你会感到非常疲惫。

图 3-87　模型和布局

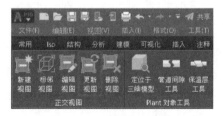

图 3-88　更新视图功能

3.3.3　建模

平面布置图确定之后就可以开始建模了。Plant 3D 的建模方式既包含了 AutoCAD 的所有三维建模基本功能，又增加了自己独特的"设备"（图 3-89）和"零件"（图 3-90）功能，可以大大方便我们建模。

图 3-89　设备

图 3-90　零件

（1）设备的坐标

在建模之前，首先要将设备的坐标确定下来。就如同我们要画图，需要有一个绘图的工具一样。这就要利用前面的参照设定。

设备的坐标使用布置图来定位。布置图可以只需要一张 DWG 图纸。建模设备的 DWG 图纸根据自己的需要确定，建议尽量一个设备一个 DWG 图纸，既方便管理，又不至于使 DWG 的内存偏大导致电脑操作沉重。每一张布置图都以参照的方式，参照到当前的设备图里面，然后根据布置图里面的坐标，将设备建到对应的位置即可。

前面已经讲过，如果在建模之前不先确定设备的坐标位置，出正交图时将会因为设备的移动而不得不再去设定一次坐标。

（2）设备建模

Plant 3D 自带的设备建模功能分为两种，一种为参数化建模，一种为组装建模。这两种都可以根据尺寸来设定设备的外形和管嘴。在项目规划和设计的时候，特别是初期阶段，要尽量使用 Plant 3D 自带的建模功能来建模，因为它不但便于高效率地制作设备，修改和更换设备，更重要的是它占用的内存与其他建模功能相比小很多，可以让电脑运转更通畅些。

Plant 3D 建模的缺点是它只考虑了"占位"功能，没有内部构造，而且相对粗糙，在细节表达方面有所欠缺。对于它的这些缺点，可以用 Inventor 来弥补（见第 4 章）。也就是使用 Inventor 来建模，然后再转换成 Plant 3D 的设备模型来使用。虽然 Inventor 的建模非常精确以及能让我们对内部构造进行详细的设计，但是它建好的设备相对 Plant 3D 自身建模功能建好的设备来说，内存非常大，对电脑配置将会有更高的要求。

表 3-1 是对设备建模优缺点的总结。

表 3-1　设备建模的优缺点

序号	项目	Plant 3D 自带的设备建模	通过 Inventor 转换的设备建模
1	效率	效率高	效率低
2	修改	修改方便	修改烦琐
3	精确性	只考虑了占位，精确性低	精确性非常高
4	内部构造	没有，无法设计	可以精确设计
5	占用内存	小	大
6	建议	在项目初期使用	结构复杂的设备使用

（3）基本设定

打开 Plant 3D，在项目管理器里新建一个文件，在这里，需要确认一下右下角的工作空间是否为三维管道空间（图 3-91）。

确认完工作空间之后，看页面上部的菜单栏，点击"结构"选项卡，会看到"零件"面板里面有"形状模型"和"设置"命令（图 3-92）。

点击"形状模型"右边的下三角，Plant 3D 默认为线模型，虽然线模型会使软件非常轻量化，但是有时候会让我们不好区分图纸里面的设备内容，大家根据自己的时间情况，切换使用线模型和形状模型（图 3-93）。

设置完形状模型后，继续看下面的设置（图 3-94），这里面有杆件设置、扶手设置、基础设置、楼梯设置、直爬梯设置这几项。

图 3-91　工作空间的确认

图 3-92 形状模型和设置

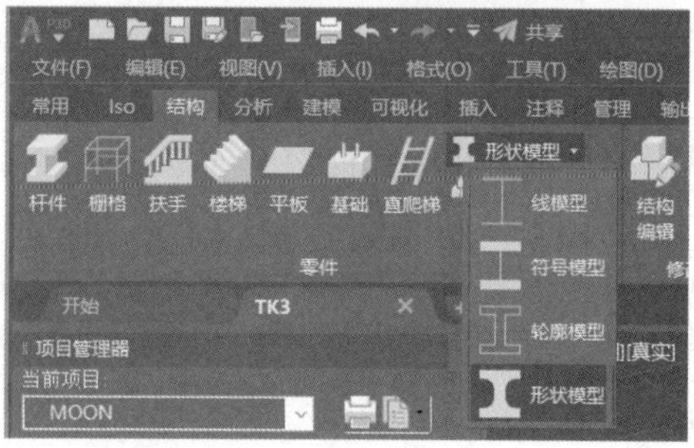

图 3-93 形状模型和线模型

（4）栅格和钢结构

在项目建设的时候，创建钢结构平台或者建筑模型是必不可少的一项，Plant 3D 准备了栅格功能（图 3-95），可以让我们轻松地创建三维结构模型，即使一个三维软件的初学者，也能轻松创建出三维钢结构平台。在这里简单解说一下利用栅格功能来创建钢结构平台的步骤。

图 3-94 设置功能

图 3-95 栅格

步骤 1：点击图 3-95 的"栅格"命令后，"创建轴网"的对话窗将会弹出来。按照软件初始默认的信息创建一个轴网（图 3-96）。

- 轴网名称：可以任意，这里填写 Test。
- 轴值：0，4000，10000。为 X 轴的数值，和轴名称相对应。
- 行值：0，3000。为 Y 轴的数值，和行名称相对应。
- 平台值：0，4000，8000。为 Z 轴的数值，和平台名称相对应。
- 轴名称（局部 X 轴）：A，B，C。和轴值相对应。
- 行名称（局部 Y 轴）：1，2。和行值相对应。
- 平台名称（局部 Z 轴）：0，+4000，+8000。和平台值相对应。
- 坐标系：UCS。UCS 为相对坐标系，WCS 为绝对坐标系。如果选择三点的话，意思是我们在画面上任意点击三点，根据这三点来创建轴网。
- 字体大小：500。可以根据需要修改。

在填写轴值、行值和平台值的时候，我们需要用逗号进行分隔。如果在数值的前面添加@符号的话，可以设置相对于前一个值的值。也就是说，（0，4000，8000）和（0，4000，@4000）意思是一样的。

填写完毕后，点击"创建"（图 3-96）。

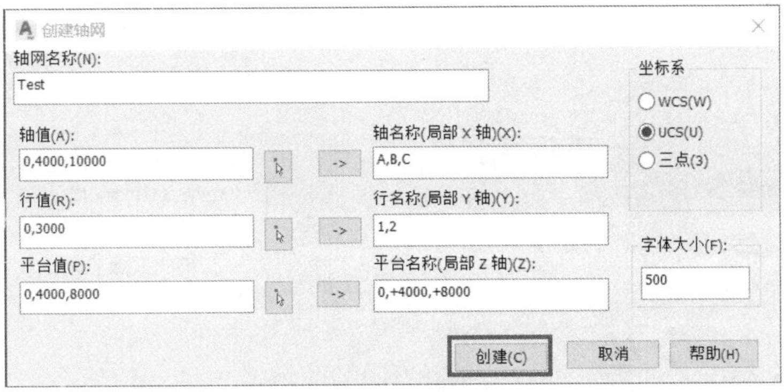

图 3-96　创建轴网

创建轴网的对话窗关闭后，轴网就自动创建了出来（图 3-97）。

步骤 2：轴网建出来后，创建钢结构平台就很容易了。先点击"设置"里面的"杆件设置"（图 3-98），"杆件设置"的对话窗口将会弹出来（图 3-99），在"杆件设置"对话窗口中进行如下设置。

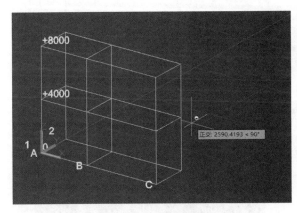

图 3-97　轴网创建完成

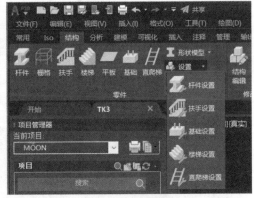

图 3-98　杆件设置

- 形状标准：DIN；
- 形状类型：IPE；
- 形状大小：IPE-140。

"方向"可以详细设定型钢安装的位置和方向，在这里选择默认的中心，角度、水平等都按默认值，点击"确定"（图 3-99）。

步骤 3：选择零件面板里面的"杆件"（图 3-100）。

点击网格中任意直线的两个端点，就可以很快将杆件绘制出来（图 3-101）。

步骤 4：为了方便我们安装杆件，在安装的过程中，可以先将模型的状态改为线型，以方便我们捕捉线的端点（图 3-102）。

步骤 5：然后重复步骤 3 的操作，将网格中，除了最下端的直线以外，全部都添加杆件（图 3-103）。

通过上面五个简单的步骤，很快将一个钢结构平台搭建了出来。

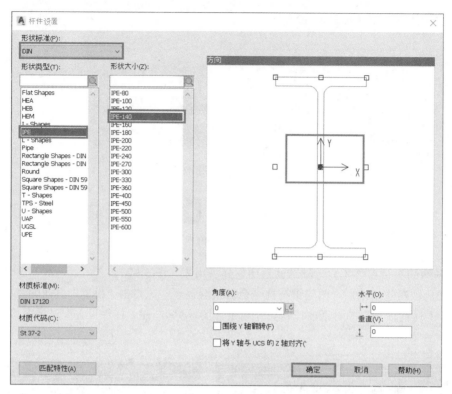

图 3-99　杆件设置

图 3-100　杆件命令

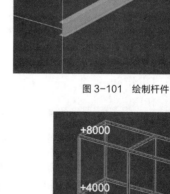

图 3-101　绘制杆件

图 3-102　线模型

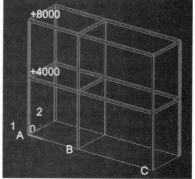

图 3-103　添加杆件

（5）隔离和可见性

到这里，大家有没有发现一个问题？那就是到现在为止我们的操作都是在 0 图层上进行的（图 3-104）。对添加好的杆件，有时候我们想选择里面的网格直线的时候，你会发现它们重叠在一起，很难选择和操作。

针对上面这种情况，我们建模过程中一般有三种解决的方法：隔离、可见性和图层的非表示。利用图层来解决的方法，下面单独有一节来说明，这里主要介绍隔离和可见性的区别。

选择对象物之后，右键点击就可以看到隔离命令（图 3-105）。

图 3-104　0 图层

图 3-105　隔离命令

"隔离对象"，就是指将选择的对象物隔离起来，只能看到它，其他的对象物将处于看不到的状态，也就是说同一个 DWG 文件里面的其他物体将被隐藏。

"隐藏对象"，就是指将所选择的对象物隐藏起来，以方便我们选择其他物体。

"结束对象隔离"，就是指结束"隔离对象"或者"隐藏对象"的操作，恢复全部都显示的状态。

在"常见"选项卡里面可以看到"可见性"面板（图 3-106），"可见性"面板里面有和刚才"隔离"相同的三个功能，就是"隐藏选定的对象""隐藏其他的对象"和"显示全部对象"。可见性和隔离的功能虽然相似，但是它们有一个最大的区别，那就是隔离的操作不会被保存，而可见性的操作将会被保存下来。

也就是说，对 DWG 图纸进行保存关闭后，再打开的话，前面操作的"隔离"将不会被记录下来，被隐藏的设备将会自动显示出来。而"可见性"的操作将会被记录下来，被隐藏的设备还是处于隐藏的状态。

大家可以根据自己的需求，合理运用"隔离"和"可见性"这两个功能。

（6）图层的设定

前面讲到了隔离和可见性，图层的非表示设定也是建模中常用的一个方法。关于怎样高效快速地建图层，在第 7 章有更详细介绍，这里先用手动输入的方式来建立下面这样的图层。

找到图层面板，点击"图层特性"（图 3-107），打开图层特性管理器。

图 3-106　可见性

图 3-107　点击图层特性

"图层特性管理器"的对话窗弹出来后，点击"新建图层"按钮（图 3-108），按照表 3-2 的设定，逐一新建图层。

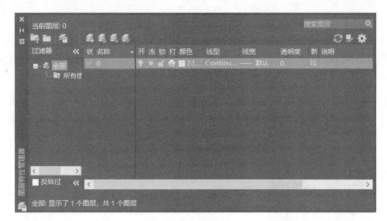

图 3-108　新建图层

表 3-2　新建图层

新建图层名	图层颜色
01-栅格	红色
02-杆件	蓝色
03-基础	8
04-平板	青
05-楼梯	黄
06-扶手	绿

建好的图层如图 3-109 所示。

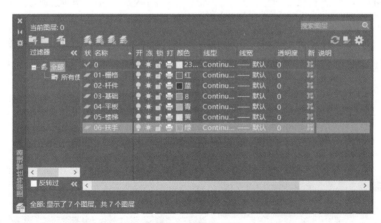

图 3-109　建好的图层

这里会有人问，图层的名字前面为什么要添加数字，仅汉字可以吗？

图层的名称是可以自由设定的，当然纯汉字也是可以的。在图层的名字前面添加数字是为了高效率地操作和切换图层。

例如点击图层右边的下三角按钮（图 3-110），然后用键盘输入"04"，再按回车键，会非常快地切换到"04-平板"图层（图 3-111）。

在实际的绘图工作中，一张 DWG 图纸里面将会有大量的图层，如果按照上面的方法去建图层，能迅速找到和切换图层。另外，字母 A～Z 也符合上面的操作规则。

图 3-110　点击图层右边的下三角

图 3-111　04-平板图层

一张 DWG 图纸里面能添加很多图层。输入命令"MAXSORT"（图 3-112），会看到 1000 这个数值。它的意思就是说 AutoCAD 和 Plant 3D 在默认的设定中，规定的图层上限为 1000 个。大家可以根据自己的需要去修改。

图 3-112　MAXSORT 命令

图层建立好了，下面选择所有的杆件，将杆件放到 02-杆件的图层里面。选择杆件，然后再切换图层就可以将杆件从"0"图层移动到"02-杆件"图层，这里介绍一个常用的选择小技巧：首先选择一个杆件，随便哪根都可以（图 3-113），然后在没有设备的空白地方，点击右键，选择"选择类似对象"（图 3-114）。全部的杆件一瞬间都被选中了。然后选择对应的图层，就可以将"杆件"一次性移动到"02-杆件"图层里了。

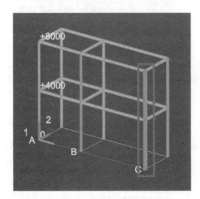

图 3-113　任选一根杆件

图 3-114　选择类似对象

同样的，"栅格"也需要移动到 01-栅格图层里面，以方便后面操作使用。

为了方便今后的修改和操作，希望大家能养成一个勤建图层的好习惯。

（7）地基

杆件设定完之后，再来设定地基。为了操作方便，点击"02-杆件"图层前面的电灯泡形状图标，它的颜色从黄色变为绿色之后，则表示"02-杆件"这个图层处于非表示状态，如图 3-115 所示。这个时候可以看到，画面上就只显示栅格了（图 3-116）。然后到菜单里的"结构"选项卡，找到"零件"面板里的"基础"命令（图 3-117）。点击"栅格"的端点"C"

之后，一个"基础"就安装好了（图3-118）。我们在这里一个端点一个端点地重复上面的操作，也可以给最底部所有的端点都安装好基础，但是这样效率会非常低下，在这里使用复制粘贴功能就可以了。

图3-115　隐藏杆件

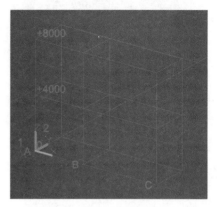

图3-116　只显示栅格

图3-117　基础命令

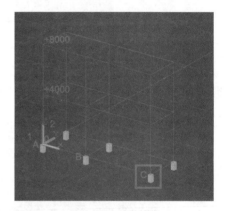

图3-118　安装基础

这也是使用Plant 3D的一个好处，它与AutoCAD完全融合，复制粘贴这样的基本功能在Plant 3D里面对设备和零件也都完全适用，非常方便我们的操作。

基础安装完毕后，将非表示的02-杆件图层设定为显示，就完成了基础的安装。

零件面板里面的其他几个功能，平板、扶手、楼梯等，和上面一样，操作都非常简单，这里就不再一一叙述了。

3.3.4　管道

布管功能是Plant 3D的主要功能之一，也可以说是Plant 3D最重要的功能。

通过布管功能可以迅速给模型和设备添加管道、阀门以及仪表，并能方便且简单地对它们进行修改和删除。

打开Plant 3D，任意创建一个DWG文件，先确认一下右下角的"工作状态"是否为"三维管道"，然后在"常用"选项卡的"零件插入"面板里，找到"布管"按钮（图3-119）。

在布管之前，需要对管道定义管线号。点击"未指定"右边的下三角，可以看到"布设新线"按钮（图3-120）。

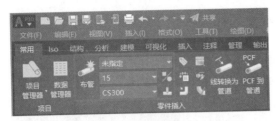

图 3-119　布管

图 3-120　布设新线

点击"布设新线"按钮，"指定位号"的窗口将会弹出来，在这里按照图 3-121 进行管线号的设定。

关于指定位号这个窗口，怎样设定为自己想要的形式，在前面的 3.2.2 小节里面有详细的介绍，这里就不再阐述了。

设定完管线号之后，点击"布管"（图 3-122），然后在画面上任意点击一个地方，就如同 AutoCAD 中画直线那样，可以在任意方向拉伸出一个 DN50 的管道。

在拉伸过程中，我们切换角度继续拉伸的话，将会自动生成弯头（图 3-123）。

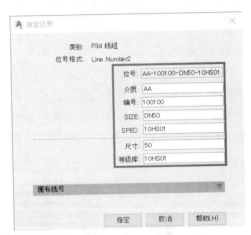

图 3-121　管线号的设定

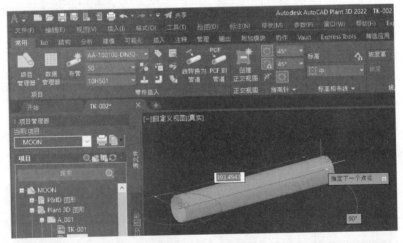

图 3-122　拉伸管道

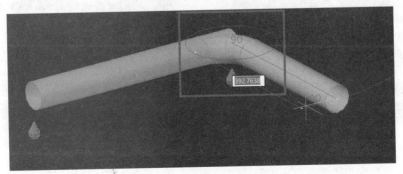

图 3-123　生成弯头

059

现在一直是在 *XY* 平面（水平面）上拉伸管道的，如果想朝上（*Z* 轴方向）拉伸，在执行拉伸命令的环境下，按键盘 Ctrl+鼠标右键，就可以循环切换指南针方向（图 3-124）。

如果操作上没有显示指南针，将图 3-125 中框选的三个地方都开启后就可以看到指南针了。

另外，在绘制的过程中，有"水滴"的图标显示在管道端口处（图 3-126），这个水滴是指我们的管道处于断开的状态，点击"可见性"面板里面的"切换断开标记"命令，就可以非显示这个符号了。

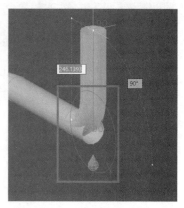

图 3-124　向 *Z* 轴方向拉伸

在画面的右边能看到"工具选项板"，当我们选择的管道等级库为 10HS01 时，工具选项板也会自动切换到 10HS01 这个等级库，也就是说，工具选项板和等级库是同步的。等级库里面的配件我们可以直接利用鼠标添加到管道中（图 3-128），非常方便日常绘图工作。

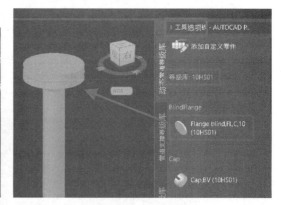

图 3-125　指南针　　　　图 3-126　非显示水滴图标　　　　　　图 3-127　工具选项板

绘制好的管道被选中后，会有符号"+"出现（图 3-128）。点击管道左边的"+"，将会延长管道，如果点击管道上面的"+"，将会自动生成三通和管道（图 3-129）。

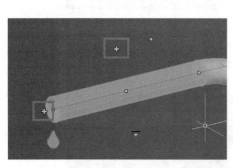

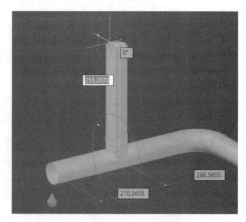

图 3-128　"+"符号　　　　　　　　　　图 3-129　三通的生成和管道

对于管道的延长和短缩，也可以点击节点图标，来自由拉伸和缩短（图 3-130）。

还可以通过点击节点，对已有的管道进行移动，图 3-131 为点击三通中心的节点，将三通和三通上面的管道朝左边移动的操作。

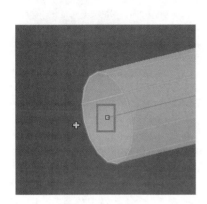

图 3-130　节点

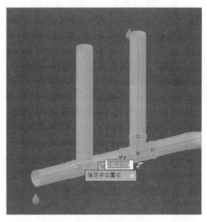

图 3-131　节点的移动

　　Plant 3D 中的管道功能很多，这里就不再一一叙述了。我们需要实际动手来操作来体会，才能真正领会到它的便利性。Plant 3D 是基于 AutoCAD 搭建的平台，所以非常容易上手和使用。

3.3.5　出图

　　Plant 3D 有两种出图功能，一种是正交视图，一种是等轴测图（ISO 图）。我们从项目管理器的大分类上可以看到（图 3-132），除了源文件，就是正交图形和等轴测图形这两个分类，从这一点我们就能感受到 Plant 3D 对出图的重视。

　　无论正交图形还是等轴测图形，都为 DWG 文件，都是从源文件里面的模型中提取出数据后生成的。源文件的模型更改的话，正交图形刷新后将会自动更改，但是等轴测图形则不能更改，需要再操作一次才行。

　　（1）正交图形

　　在 Plant 3D 中，创建正交视图的方法有两种。

　　方法一：在常用选项卡里，我们能看到正交视图面板（图 3-133）。

图 3-132　正交图和等轴测图

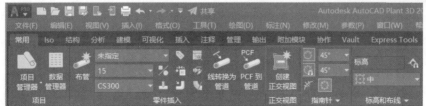

图 3-133　正交视图面板

　　方法二：点击项目管理器上的正交图形分类（图 3-134），选择正交图形里面的任意一个文件夹，右键点击，选择"新建图形"（图 3-135）。

图 3-134　正交图形分类

图 3-135　新建图形

　　新建 DWG 的面板将会弹出来（图 3-136），修改图形名，点击"确定"就可以新建一个正交图模板了。

图 3-136　新建 DWG 面板

　　另外，还可以通过图 3-136 中"DWG 样板"这个地方，根据自己创建的文件夹的不同，去定制一个文件夹专用的模板来提高工作效率。

　　"DWG 样板"都保存在项目文件夹里面的"Orthos"文件夹里面（图 3-137），通过复制粘贴，将扩展名为 dwt 的模板文件改造为文件夹专用的，如标题栏等，有利于节省时间和管理文件。

名称	修改日期	类型	大小
ImportExportSettings	2022/1/3 16:33	文件夹	
Isometric	2022/1/9 10:35	文件夹	
Orthos	2022/1/3 16:33	文件夹	
PID DWG	2022/1/3 16:33	文件夹	
Plant 3D 模型	2022/2/3 17:00	文件夹	
Project Recycle Bin	2022/2/4 15:42	文件夹	
ReportTemplates	2022/1/3 16:33	文件夹	
StringTables	2022/1/9 10:37	文件夹	
等级库工作表	2022/1/3 16:33	文件夹	
设备样板	2022/1/3 16:33	文件夹	
相关文件	2022/1/3 16:33	文件夹	

图 3-137　Orthos 文件夹

（2）等轴测图形

等轴测图又叫 ISO 图，一般管道图就是采用 ISO 图的方式来制图。Plant 3D 有
自带的 ISO 图模板，但是需要改成自己公司用的模板。其实可以将自己常用的 CAD
模板转换成 Plant 3D 的 ISO 模板来使用，不用很费事地去新建或者修改 Plant 3D 自带的模板。
从新建模板开始，到利用这个新建的模板出一张 ISO 图的步骤如下。

步骤 1：首先打开 Plant 3D，先随便打开或者新建一个 DWG 文件（图 3-138）。

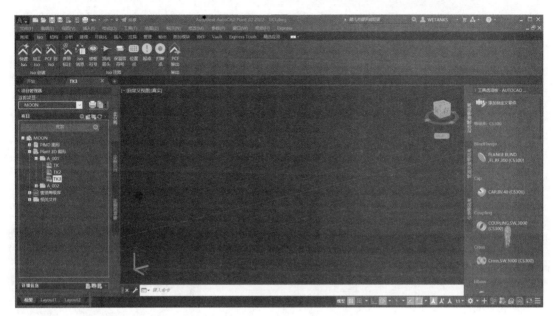

图 3-138　打开或者新建一个 DWG 文件

我们使用 CAD 的时候，一般都会有自己常用的模板，所以不用专门在 Plant 3D 上去新建
一个模板，完全可以将自己 CAD 里常用的模板拿来使用。

步骤 2：右键点击图 3-138 左下角的"模型"或者"Layout1"，在弹出来的菜单里选择"从
样板"命令（图 3-139）。"从文件选择样板"的对话窗将会弹出来。我们可以将自己常用的 CAD
模板打开，这里选择一张 CAD 用的模板"MOON-A3.dwt"作为例子（图 3-140）。

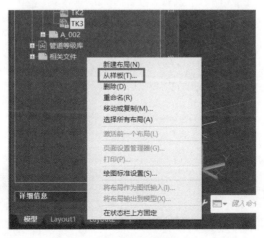

图 3-139　从样板

图 3-140　从文件选择样板

步骤 3：在操作之前，先检查一下模板的图层，看看有没有被锁住的图层，有的话需要先将它们解锁（图 3-141）。

步骤 4：检查完图层后，用鼠标从右上到左下，全部框选这个模板，然后左键在空白处点击一次，选择"剪贴板"里面的"带基点复制"（图 3-142）。

希望大家能将"Ctrl+Shift+C"（带基点复制）和后面将会出现的"Ctrl+Shift+V"（带基点粘贴）这两个命令记住，很有用处的两个功能。以后再使用的时候，直接使用键盘来输入，将会提高效率。另外，如果参阅本书第 8 章的内容，还可以提高我们的绘图速度，高效率地完成工作。

图 3-141　检查模板的图层

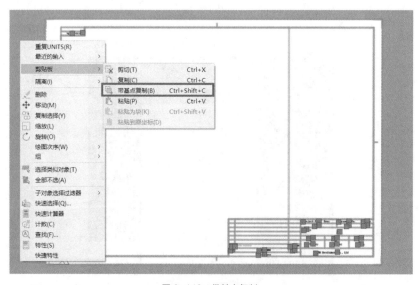

图 3-142　带基点复制

步骤 5：点击模型的右下角，指定"0，0"点为基点（图 3-143）。

至此，我们就将模板复制了下来。

在这里强调一点，不要关闭这个模板，放在那里即可，否则后面的粘贴步骤可能会失败。

步骤 6：在"常用""项目管理器"里面打开项目设置（图 3-144）。

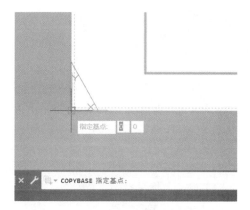

图 3-143　指定基点

图 3-144　项目设置

步骤 7：找到"等轴测 DWG 设置"中的"设置标题栏"并点击它（图 3-145）。

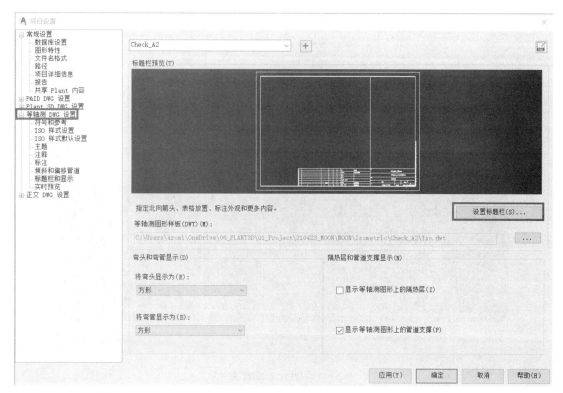

图 3-145　设置标题栏

步骤 8：因为前面复制的"MOON-A3.dwt"为 A3 尺寸的图纸，这里也需要选择 Plant 3D 里面自带的 A3 模板，在自带的模板上去修改。在这里我们选择"Final_A3"（图 3-146）。

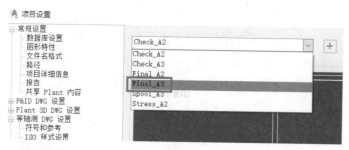

图 3-146　选择模板 Final_A3

步骤 9：点击"+"图标，弹出"创建 ISO 样式"窗口，"新样式名称"可以随便填写，在这里起名字为"MOON-A3"，选择"复制现有样式"，并确定选择现有的样式为"Final_A3"后，点击"创建"（图 3-147）。

图 3-147　创建 ISO 样式

步骤 10：画面切换后，继续点击"设置标题栏"（图 3-148）。

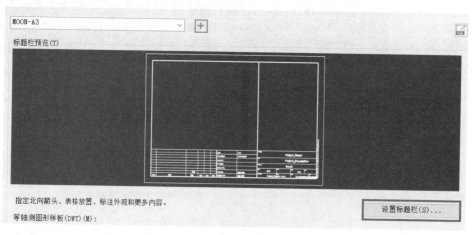

图 3-148　继续点击设置标题栏

步骤 11：这个时候，"iso.dwt"文件被打开（图 3-149）。

步骤 12：我们需要将图 3-149 里面的内容删除，然后将步骤 4 中复制的内容粘贴到这里。在删除这个模板里面的内容之前，先按照图 3-150 的方式，在右下角的地方画一根定位用的直线（命令 L），长度任意。

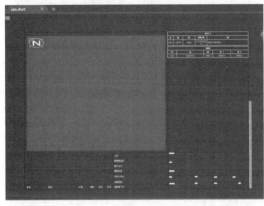

图 3-149　打开 iso.dwt

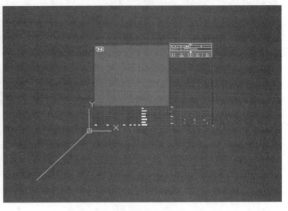

图 3-150　定位直线

步骤 13：此时，再用鼠标从左上到右下，除了这个直线以外，将 Plant 3D 自带的模板全部框选，然后按 Delete 键进行删除（图 3-151）。

步骤 14：键盘输入 Ctrl+Shift+V，将步骤 4 复制的模板粘贴过来（图 3-152）。

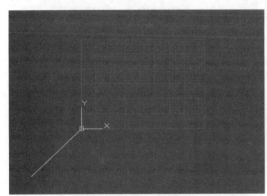

图 3-151　删除自带模板的内容

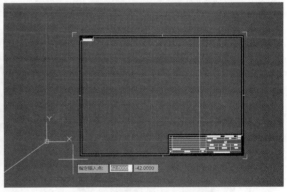

图 3-152　输入 Ctrl+Shift+V

步骤 15：同样，我们需要选择插入的基点，这里以刚才画的直线的端点为插入基点（图 3-153）。

步骤 16：到这一步，我们就顺利地将 AutoCAD 的"MOON-A3.dwt"模板里的内容替换到了 Plant 3D 里面（图 3-154）。下面还需要对这个模板进行显示区域的设置（图 3-155）。

步骤 17：首先设置绘图区域。点击等轴测图形区域的绘图区域，然后在模板里面，将自己想显示到的地方，用鼠标从左上到右下方进行范围选择（图 3-156）。

步骤 18：继续选择放置北向箭头，在弹出的画面上点击"左上"（图-157）。

步骤 19：将箭头放置到模板的左上方（图 3-158）。

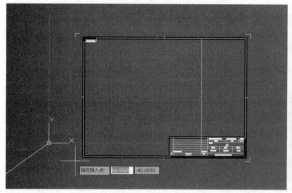

图 3-153　插入基点

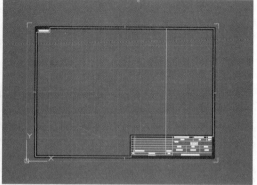

图 3-154　替换后的模板

图 3-155　区域可见性（1）

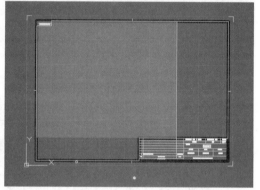

图 3-156　区域可见性（2）

图 3-157　选择北向箭头

图 3-158　将箭头放置到模板左上方

步骤 20：选择菜单上的"非绘图区域"，将箭头的区域这一部分设定为非绘图区域（图 3-159）。

步骤 21：继续设定"BOM 表"显示区域。点击表设置和设置的 BOM 表图标后，在模板中希望显示 BOM 表的地方，从左上到右下进行鼠标框选（图 3-160）。

到此我们就设定完成了。

当然，菜单里面的焊接列表、管段列表等都可以显示到模板上，设定的方法和上面一样，这里就不再一一说明了。

步骤 22：点击返回到项目设置，在弹出的画面上选择将更改保存到 iso.dwt（图 3-161）。

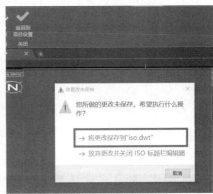

图 3-159　设定非绘图区域　　图 3-160　设置 BOM 表显示区域　　图 3-161　选择将更改保存到 iso.dwt

步骤 23：返回到"项目设置"画面，点击"确定"后，设置就全部结束了（图 3-162）。

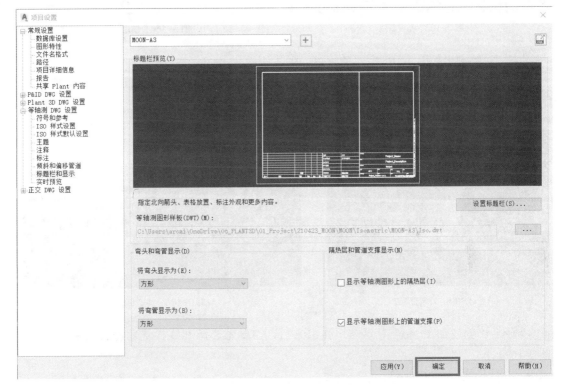

图 3-162　点击"确定"结束设置

如果不点击"确定"，而是直接点击右上角的"×"的话，我们的设定是没有保存的。所以当需要保存自己的设定的时候，必须点击"应用"或者"确定"按钮。

下面将管道怎样反映到这个模板上的基本操作步骤具体说明一下。

如果想让管道反映到 ISO 图上，首先管道要有编号，也叫管线号。管线号可以从 P&ID 里面复制过来，也可以直接输入生成，在这里以直接输入生成管线号的方式，来介绍一下出 ISO 图的方法。

步骤 1：首先创建管线号。打开一个 DWG 文件，在"零件插入"面板中点击"未指定"

右边的下三角，然后点击"布设新线"（图3-163）。

步骤2：按照图3-164中的设定将"指定位号"对话窗里面的内容填写好后，点击"指定"。

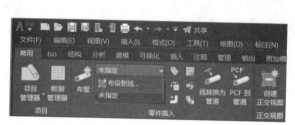

图3-163　布设新线

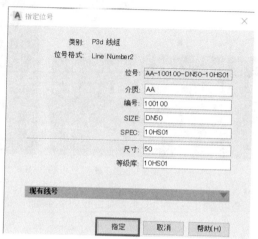

图3-164　指定位号

步骤3：绘制出如图3-165所示的管道，尺寸任意。

步骤4：点击左上角的"保存"后，切换到"Iso选项板"，点击"Iso创建"面板里面的"加工Iso"命令（图3-166）。

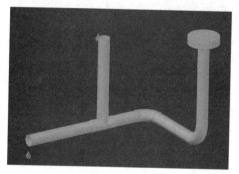

图3-165　绘制管道

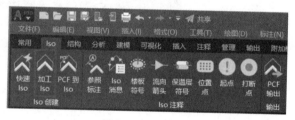

图3-166　加工Iso

步骤5："创建加工Iso"对话窗口弹出来后，需要先选择ISO样式才能去设定别的参数（图3-167）。

- ISO样式：MOON-A3；
- 线号：刚才设定的线号"AA-00100-DN50-10HS01"，点击线号前的方框添加对钩；
- 创建DWF：如果需要可以打钩，这里不选择它；
- 覆盖（如果存在）：前面添加对钩。

步骤6：最后点击"创建"。我们会在右下方看到"等轴测创建完成"的字样（图3-168）。如果创建错误，会出现"遇到错误"的字样（图3-169）。通过点击"单击以查看创建等轴测的详细信息"，可以看到错误的内容，根据提示修改DWG图纸后再来创建等轴测图。

图 3-167　创建加工 Iso

图 3-168　等轴测图创建完成

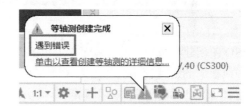

图 3-169　等轴测创建错误

　　如果创建成功，点击图 3-169 中的"单击以查看创建等轴测的详细信息"后，"等轴测创建结果"对话窗将会弹出来（图 3-170），你会看到错误数、警告数都为 0，然后点击"文件"链接，管线号"AA-00100-DN50-10HS01"的 ISO 图 DWG 文件就会显示出来（图 3-171）。

图 3-170　等轴测创建结果

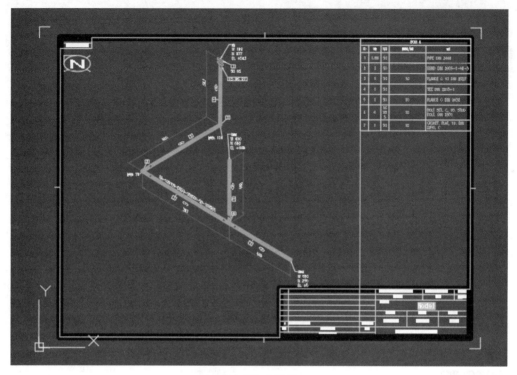

图 3-171　ISO 图

　　ISO 图创建完成后，点击画面左上角的印刷图标，或者键盘输入 "PLOT" 命令按回车键后，
"打印-模型" 的对话窗将会弹出来（图 3-172），选择好打印机，设定图纸尺寸为 "A3"，打印
范围选择 "范围"，然后点击 "确定"。很快，一张 A3 的 ISO 图就做了出来（图 3-173）。

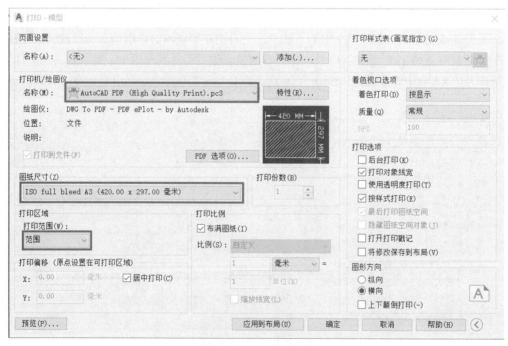

图 3-172　打印设定窗口

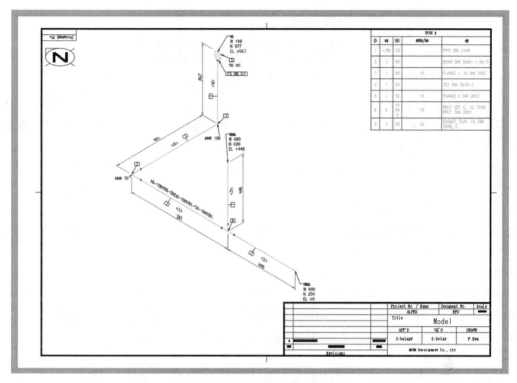

图 3-173　将要打印出来的 ISO 图

3.4　Plant 3D 在使用中的注意事项

3.4.1　对象捕捉

在 Plant 3D 绘图过程中，需要经常用到对象捕捉功能。它是 Plant 3D 以及 AutoCAD 中一个非常基本但是又非常重要的一个功能。

在操作的时候，特别是一张 DWG 图纸里面参照了很多模型的时候，这个功能的重要性将会显示出来。完全掌握这个基础的功能，并活用到建模上，对 Plant 3D 绘图的准确性、便利性以及提高绘图效率都是非常有意义的。

（1）对象捕捉的切换

打开 Plant 3D 软件，然后任意新建一个 DWG 文件后，在画面的右下角将会看到如图 3-174所示的图标。

图 3-174　对象捕捉图标

通过连续按键盘的 F3 键，可以在绘图过程中切换对象捕捉功能的"开"和"关"。也就是说当对象捕捉功能为使用状态时，按一次 F3 键将会使其变为非使用状态（图 3-175），再按一次 F3 键就又返回到了使用状态（图 3-174）。

参阅本书的第 8 章，把这个 F3 功能捆绑到自己的鼠标上，将会提高自己的工作效率。有兴趣的朋友可以去阅读一下第 8 章的内容。

图 3-175　对象捕捉的非使用状态

（2）临时对象捕捉

上一节介绍了怎样使用 F3 来开关对象捕捉功能。其实 F3 还有一个很好的功能，当对象捕捉处于开的状态，在进行绘图工作的时候，在命令操作的途中，如果一直按住键盘的 F3 键不动，在松开 F3 键之前，对象捕捉就会"临时"处于关闭状态。这样就省得我们去频繁切换对象捕捉了。特别是图纸中对象捕捉的点非常密集的时候，使用这个方法去操作对象捕捉将带来很大的方便。

我们也可以通过下面的方法实现这个临时切换功能。在命令执行的过程中，通过 Shift+右键可以将对象捕捉窗口弹出来（图 3-176），点击下方的"无"之后，也会实现与上面相同的效果。

（3）对象捕捉的设置

点击对象捕捉图标旁边的下三角（图 3-177），这时候将会显示出对象捕捉的菜单。打钩的地方就是当前 Plant 3D 软件正在使用的对象捕捉模式。我们在绘图过程中，可以在这里添加模式或者删除模式，以快速切换自己想要选择的点。

点击图 3-177 中菜单最下方的对象捕捉设置按钮，就可以进入到

图 3-176　临时对象捕捉

CAD 设定后台的"草图设置"窗口里面（图 3-178）。除了对象捕捉，捕捉和栅格、极轴跟踪、三维对象捕捉、动态输入、快捷特性、选择循环这些熟悉的 CAD 基本功能也都显示到了这里，可以根据自己的工作需求对它们进行调整。

> 连续按键盘的 F3 键，就可以看到启用对象捕捉前面对钩的变化。

图 3-177　对象捕捉菜单

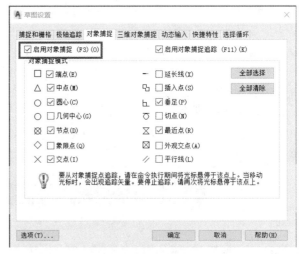

图 3-178　草图设置窗口

（4）Shift+右键

另外，在绘图命令的执行过程中，也可以通过 Shift+右键，快速让对象捕捉窗口显示出来，

对对象捕捉模式进行添加和删除（图 3-179）。

如图 3-179，正在执行直线的绘制工作，已经点击直线的第一点，在还处于直线功能的状态下，在点击第二点完成直线功能之前，可以一边按 Shift 键，一边在 DWG 图的空白处按鼠标右键，然后对象捕捉的窗口就可以弹出来了。

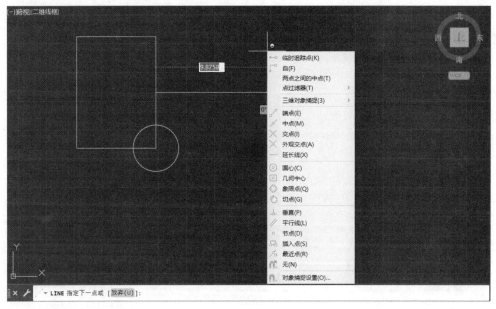

图 3-179 Shift+右键

在绘图工程中，为了能精确找到自己想捕捉的点，利用这个对象捕捉功能，将会给我们带来很高的工作效率。

以上就是对象捕捉的一些基本设定和操作。如果大家还想继续了解对象捕捉更深层面的操作的话，可以继续看下面一节的解说。

（5）OSMODE 设定

说起对象捕捉功能，最后还有一个比较偏的知识点希望能分享给大家，那就是系统变量 OSMODE 的设定。

在图 3-178 中，选择自己需要的对象捕捉模式的时候，需要一个一个地选择，这样的操作有时候会让我们感到烦琐和疲惫。这个时候，就是 OSMODE 变量大显身手的好时候了。

CAD 为每一个对象捕捉的模式都准备了位码值（表 3-3）。

表 3-3 对象捕捉位码值

位码值	对象捕捉模式	位码值	对象捕捉模式
0	无	128	垂足
1	端点	256	切点
2	中点	512	最近点
4	圆心	1024	几何中心
8	节点	2048	外观交点
16	象限点	4096	延伸
32	交点	8192	平行
64	插入点	16384	禁用当前的执行对象捕捉

可以利用位码值来快速地设定自己想要的对象捕捉。例如：在输入 OSMODE 命令之后，输入数值 1，这个时候对象捕捉就会只选择端点，如果想只显示端点和中点，将端点的位码值 1 与中点的位码值 2 相加，得 3，因此输入数值 3 即可，同理，如果想只显示圆心、节点和插入点，输入数值 76 即可（图 3-180 和图 3-181）。

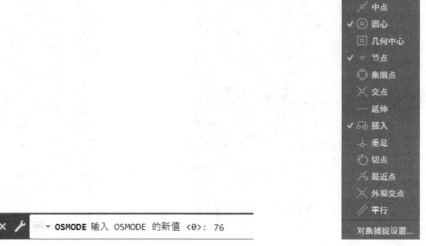

图 3-180　OSMODE　　　　　　　　　　图 3-181　输入数值 76

利用"OSMODE"这个变量功能之后，不必频繁地一个一个去选择对象捕捉模式，只需要去记住一两个自己常用的模式的"总和"即可。这样就可以快速地切换自己的对象捕捉模式了。笔者最喜欢也是最常用的 OSMODE 位码值为 7（端点＋中点＋圆心）、175（端点＋中点＋圆心＋节点＋交点＋垂足）和 4527（端点＋中点＋圆心＋节点＋交点＋垂足＋切点＋延伸）这三个。

3.4.2　快捷特性的活用

快捷特性是一个非常方便的小工具。我们在绘图过程中，需要经常确认图纸中其他模型的一些属性，当然我们按键盘"Ctrl+1"能够打开"特性"窗口去确认这些属性，但是特性窗口显示的信息非常多，不能很快找到我们想确认的属性信息。但是快捷特性就不一样了，它会一直以固定的方式显示到画面上，并且可以随意选择我们想显示的属性，让我们很快就能知道当前设备的信息。

首先设定"快捷特性"的窗口。打开任意的一个 DWG 文件，在命令栏中输入"DSETTINGS"命令，按回车键后，"草图设置"对话窗就会弹出来（图 3-182）。

切换到"快捷特性"，在"选择时显示快捷特性选项板"的前面方框内点击，添加对钩，然后将选项板的位置改为"固定"，再点击"确定"设置就结束了。

随便选择一个模型，会立刻弹出快捷特性画面（图 3-183），移动快捷特性画面，放到我们想显示的地方（图 3-184）后，这个"快捷特性"的画面就会固定到那里。

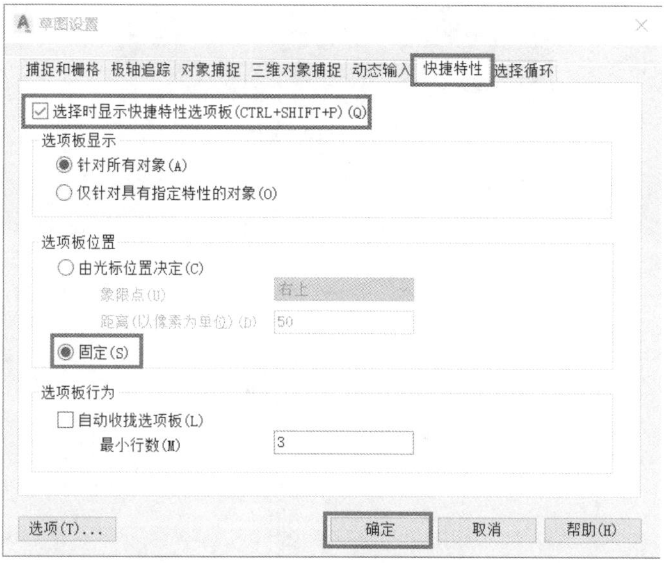

图 3-182　草图设置

图 3-183　快捷特性画面

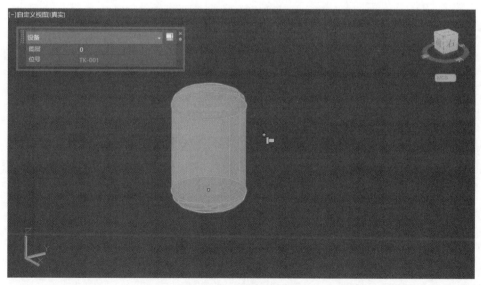

图 3-184　固定快捷特性画面

　　无论画面怎样扩大、缩小和移动，这个快捷特性画面将会一直固定在那里。另外，点击快捷特性画面右上角的 CUI 图标（图 3-185），将会直接进入到快捷特性的自定义用户界面（图 3-186），将"编号"和"区域"也选择上，然后点击"确定"关闭画面。

图 3-185　CUI 图标

图 3-186　快捷特性的自定义用户界面

"快捷特性"面板上也将会将"编号"和"区域"显示出来（图 3-187）。

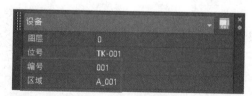

图 3-187　编号和区域

活用快捷特性面板，可以省去经常去查看特性的操作，对提高工作效率有很大的帮助。

3.4.3　单位的统一

Plant 3D 的单位既可以使用英寸，也可以使用国标的公制。我们在使用的时候尽量避免两种基本单位的混合。特别是在初期项目新建的时候，如果这里不小心选择了英制，项目建好之后是无法改回公制的，一定要注意（图 3-188）。

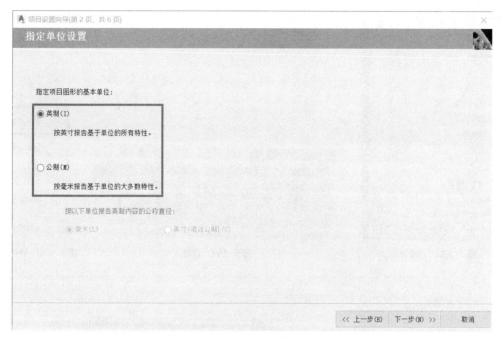

图 3-188　单位设置

在参照外部文件的时候（图 3-189），也需要注意单位的问题，参照的文件是否为公制，否则参照进来后将无法匹配和使用。

图 3-189　外部参照的单位

3.4.4　国标型钢库下载

进行结构建模的时候需要经常用到型钢库。Plant 3D 有自带的型钢库。打开 Plant 3D，点击左下角的"切换工作空间"，选择"三维管道"（图 3-190），然后在"结构"选项卡的"零件"面板里面，点击"设置"（图 3-191），继续点击"杆件设置"（图 3-192），"杆件设置"的对话窗口就弹了出来（图 3-193）。

图 3-190　三维管道

图 3-191　设置

图 3-192　杆件设置

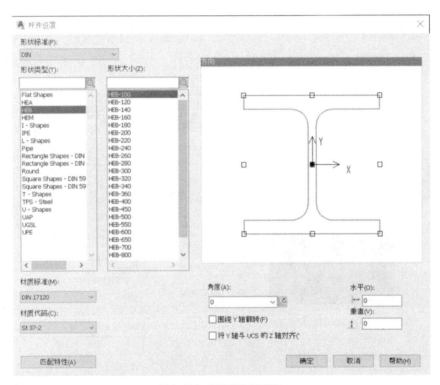

图 3-193　杆件设置对话窗口

在"形状标准"中会看到只有 AISC、CISC 和 DIN 这三个标准，没有中国的规格标准（图 3-194）。

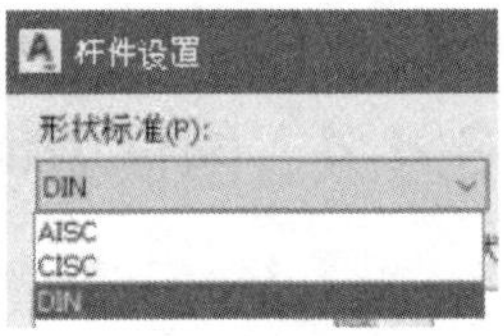

- AISC：美国钢构造协会。
- CISC：加拿大钢构造协会。
- DIN：德国规格协会。

我们可以从欧特克的中文社区论坛里面下载 GB 标准。

打开欧特克社区网页就可以看到"ChinaSteelSectionsContentPack_NING_2.1.0.ZIP"，点击右边的下载图标（图 3-195）。

图 3-194　形状标准

✎ ChinaSteelSectionsContentPack_NING_2.1.0.zip ⬇

图 3-195　下载型钢库

下载解压之后，我们会得到 Structural Catalog.acat 文件。将它安装到电脑 C 盘的 AutoCAD Plant 3D 2022 Content 文件夹里面。在安装之前，先要关闭 Plant 3D 软件。

点击电脑的 C 盘，选择 AutoCAD Plant 3D 2022 Content 文件夹，继续打开 CPak Common 文件夹，就会看到 Plant 3D 自带的 Structural Catalog.acat 文件（C:\AutoCAD Plant 3D 20xx Content\CPak Common\Structural Catalog.acat）（图 3-196）。

> 在替换它之前，先将软件自带的这个文件备份一下，以防万一。

关闭文件夹，点击 Plant 3D 图标重新启动软件，以同样的方法打开杆件设置画面，这个时候就会发现以 GB 开头的一些常用标准已经添加了进来（图 3-197）。

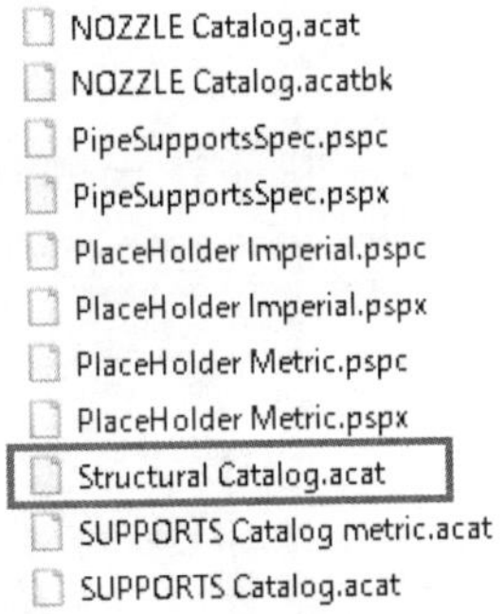

图 3-196　替换 Structural Catalog.acat

图 3-197　GB 形状标准添加完成

采用同样的操作，我们可以从欧特克商店上下载到美国标准的、日本标准的型钢库，虽然它们不能合并成一个型钢库，但我们可以根据自己的需要去替换 Structural Catalog.acat 这个文件。大家切记，在改动 Plant 3D 源文件的时候，一定要在已备份且关闭软件的前提下进行操作。

第 4 章 让 Inventor 服务于流程工厂设计

本章，首先简单地介绍一下 Inventor 是一个什么样的软件，然后再着重讲述怎样让 Inventor 服务于流程工厂设计。特别是 Inventor 和 Plant 3D 怎样通过块来实现协调工作的基本操作。

这一章里使用的 Inventor 为 Autodesk Inventor Professional，在这里简称 Inventor，版本为 2022 版。

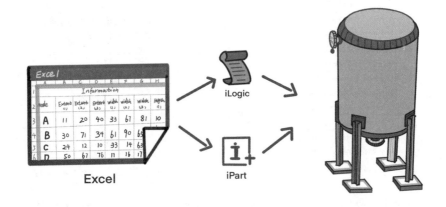

4.1 Inventor 简介

欧特克公司从 1999 年推出 Inventor 到现在，已经有 20 多年的历史了。作为一个三维的机械设计软件，Inventor 可以让我们自由地设计"参数化"和"规则化"模型，提高工作效率。

来到欧特克官方网站首页，点击"产品"，会看到"产品设计与制造"下面的"Inventor"，再继续点击它打开 Inventor（图 4-1）。

打开之后，可以看到对 Inventor 的一个很全面的介绍（图 4-2）。点击"查看所有功能"，会显 Inventor 所有功能画面（图 4-3）。

图 4-1　Inventor 设置

图 4-2　Inventor 介绍

产品设计

参数化建模
用户界面直观明了，在创建和编辑三维模型时可以专注于设计。（视频：2 分 33 秒）（英文）
了解更多

装配建模
了解您的设计如何组织在一起并在部件级别发挥作用。（视频：2 分 43 秒）（英文）
了解更多

工程图创建
快速创建清晰、精确且详细的工程图以供制造。（视频：3 分 07 秒）（英文）
了解更多

协作

共享视图协作
在线协作处理模型或设计。任何人都可以在 Autodesk 查看器中审阅共享视图并对其添加注释。（视频：2 分 23 秒）（英文）
了解更多

使用非原生数据
维护指向非原生 CAD 数据的关联链接。（视频：1 分 57 秒）（英文）
了解更多

BIM 互操作性
将可配置的三维 CAD 模型转换为 BIM 对象。（视频：2 分 27 秒）（英文）
了解更多

图 4-3　查看所有功能

4.1.1 Inventor 与 AutoCAD 的区别

Inventor 是一个完全不同于 AutoCAD 的软件。用习惯了 AutoCAD 的朋友，第一次接触 Inventor 的话可能会有很多迷惑的地方。Inventor 和 AutoCAD 主要区别如下。

【区别 1】两个软件虽然都是机械设计行业常用的软件，但 AutoCAD 偏向于二维设计，而 Inventor 则是完全面向三维设计的。

【区别 2】AutoCAD 基本就是 DWG 文件，从绘制到出图，可以在一个文件中实现，而 Inventor 则根据工况不同，分为零件、部件和图纸等不同的文件形式和扩展名。

【区别 3】AutoCAD 要根据已经有具体数值的几何图形来绘制，而 Inventor 的草图绘制可以先不需要尺寸，迅速绘制出大概的形状，然后再通过约束功能来完成。

【区别 4】Inventor 可以很简单地绘制出表达视图，可以简单地实现设备的装配和安装顺序的绘制，这是 AutoCAD 所不具备的。

虽然 Inventor 和 AutoCAD 都属于 Autodesk 公司，但它们设计和开发的出发点不同，自然就会有很多我们操作上所无法统一的地方。其实每一个软件都会有自己独特的个性。在学习一个新的软件操作的时候，尽量抛弃我们已经熟悉了的操作，以从零开始的心态去应对它，大家就会轻松很多。

Inventor 建模的流程如下。

① 建项目。我们刚开始的时候抛弃这一步，直接跳过去建零件画草图也是可以的。但还是建议大家养成一个好的 Inventor 使用习惯，为方便我们今后的文件管理，无论多大多小的设备，都从建一个项目开始，4.1.2 节会详细介绍。

② 画草图。画草图是 Inventor 的一个灵魂功能，Inventor 的基本功中的基本功。4.1.3 节会详细地介绍。

③ 建模。根据前面的草图，就可以通过拉伸、旋转等命令进行建模工作。4.1.4 节里会详细介绍。

④ 装配。这也是 Inventor 和 AutoCAD 不同的地方，我们可以设定约束条件，让零件和零件之间产生关系，以实现装配。

⑤ 出图。Inventor 的出图功能是很强大的，也很智能化。

⑥ 制作表达视图。Inventor 根据文件性质的不同，扩展名也在变化着。主要有下面几种文件扩展名：

• 零件文件：扩展名为【.ipt】。它表示为一个零件，也就是单个模型的文件。二维的草图和多实体零件也都是这个扩展名。

• 部件文件：扩展名为【.iam】。包含上面多个零件的文件，也可以含有多个部件文件。另外资源中心的使用、螺栓连接等设计都需要在部件文件下进行。

• 图纸文件：扩展名为【.idw】和【.dwg】。将上面的 ipt 零件和 iam 部件转换为二维的图纸文件。

• 表达文件：扩展名为【.ipn】。表达部件中的装配关系以及顺序的文件，一般 iam 部件文件使用较多。

• 项目文件：扩展名为【.ipj】。作为一个管理文件，ipt 零件和 iam 部件的路径以及链接都包含在这里。

4.1.2　项目的建立

　　启动 Inventor 之后，直接建立一个"ipt"零件或者"iam"部件来画图是没有问题的。但是在这里希望大家能养成一个好的习惯，那就是在画图之前，先新建立一个"ipj"项目文件作为画图的开始。以方便自己对文件的管理。特别是当项目较大，零部件较多的时候，你就会体会到"ipj"文件的好处。

　　启动 Inventor，切换到"快速入门"选项卡，然后点击"项目"按钮，点击"新建"按钮（图 4-4），其他地方暂时可以先不设定，按照电脑默认的即可。

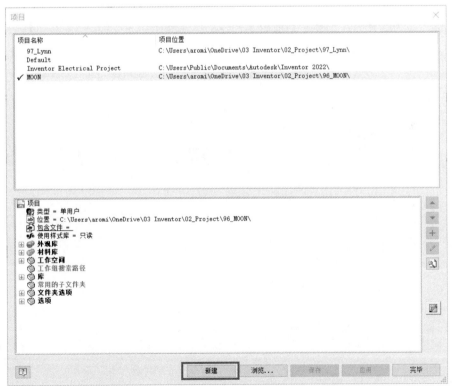

图 4-4　新建项目

　　在确定为"新建单用户项目"后，点击"下一步"（图 4-5）。

　　如果对 Vault 软件比较熟悉，且已经安装了 Vault 的用户，可以选择下面"新建 Vault 项目"。

　　然后，输入项目名称，可以随意取名字，这里取名字为"BOOK"，项目（工作空间）文件夹地方，选择项目要保存到自己电脑里的文件夹，然后点击"下一步"（图 4-6）。

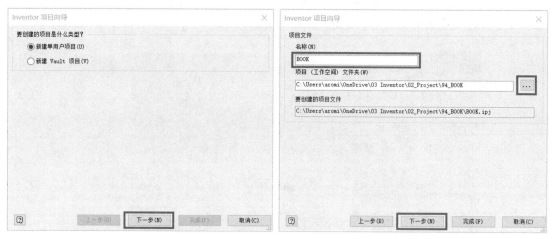

图 4-5　新建单用户项目　　　　　　　　　　　　　　　　图 4-6　项目名称

　　下面这一步为选择库，选择与当前版本同步的库，点击"完成"（图 4-7）。然后点击"完毕"，BOOK 这个项目就建立完成了（图 4-8）。

图 4-7　选择库

　　返回到"快速入门"选项卡，在项目一栏里面就可以看到自己新建的项目了（图 4-9）。

图 4-8 项目建立完成

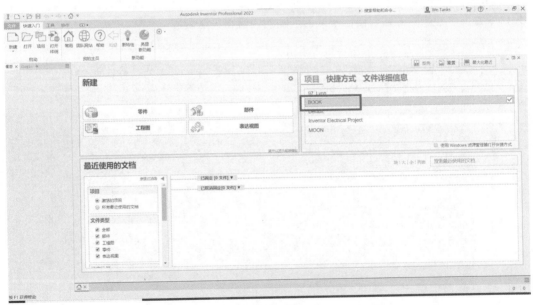

图 4-9 快速入门选项卡

4.1.3 草图的绘制

在 Inventor 的建模过程中，草图的地位非常重要。建模质量的好坏，建模效率的高低，与草图有着密不可分的关系。

Inventor 是一个完全不同于 AutoCAD 的软件，所以在草图操作的概念上也一样，习惯了 AutoCAD 的朋友一开始可能无法理解这样的步骤，我们先来一起操作一下。

【草图操作实例1】

首先启动 Inventor，在"快速入门"里面，点击新建里面的"零件"按钮，新建一个文件（图 4-10）。这样，我们就进入了零件的界面（图 4-11）。

图 4-10　新建零件

在这里希望大家能养成一个好的习惯，那就是先给新建的文件起名保存，然后再去画图。因为，如果我们没有保存就去画图的话，绘图过程中电脑或者软件本身如果突然出现死机或者不小心删除的话，自己辛辛苦苦画的内容将无法复原。

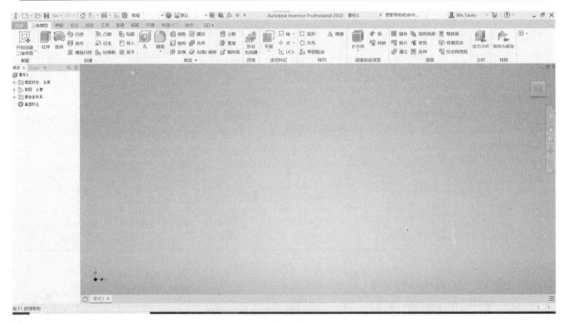

图 4-11　零件界面

将鼠标放到文件名上面，点击右键，再点击弹出来的画面里面的"保存"按钮（图 4-12），"另存为"的对话窗口将弹出来，在"文件名"处，给文件随便起一个名字，这里起名为"草图"，然后点击"保存"按钮（图 4-13）。

图 4-12　右键点击文件名

图 4-13　另存为

返回零件建模的界面后（图 4-14），就可以开始草图的绘制工作了。点击左上角的"开始创建二维草图界面"（图 4-15），这时候画面中央会出现图 4-16 所示的三个透明的平面，它们分别为 XY 平面、XZ 平面和 YZ 平面。将鼠标放到各个平面上，不用点击，平面的颜色将会发生变化，并显示出平面的名称。

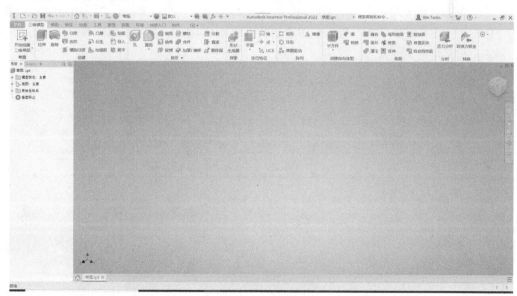

图 4-14　零件建模界面

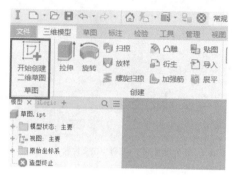

图 4-15　开始创建二维草图

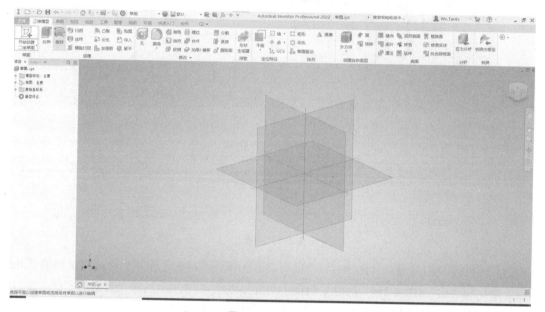

图 4-16　草图平面

　　建立草图的时候需要先选择一个平面。在这里，选择 *XY* 平面来进行草图的绘制，将鼠标放到 *XY* 平面上点击（图 4-17）。进入草图绘制的界面（图 4-18），在左下角能看到坐标为"XY"平面，右上角显示的为"前"。

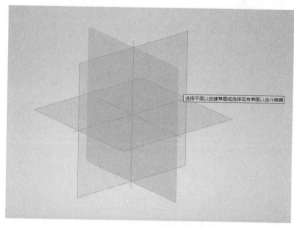

图 4-17　*XY* 平面

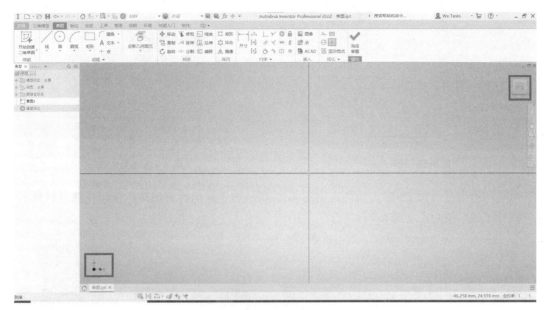

图 4-18 草图绘制界面

草图绘制的方法有很多，思路非常重要。这里以绘制一个"凹"形的草图为例，来简单地讲解一下草图绘制的思路。草图绘制主要可以分为下面三个步骤。

步骤 1：先画出大概的形状。例如要画一个"凹"形的平面草图，我们先不用管长短，不用管它平行不平行，不用管它垂直不垂直，利用直线工具，或者利用矩形工具，将大概形状快速画出来即可。越快越好，不拘小节。

点击直线工具（图 4-19）。以最快的速度画出一个"凹"形的大概轮廓，如图 4-20 所示，不用考虑尺寸，不用考虑平行与否，垂直与否，先把大概形状画出来。

图 4-19 直线工具

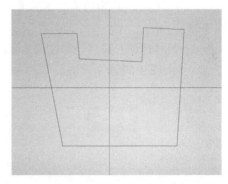

图 4-20 画出"凹"形的大概形状

步骤 2：几何约束。将大概的草图轮廓绘制完之后，接下来开始对草图进行几何约束（图 4-21）。

约束，顾名思义就是对草图添加某种限制的关系，而这种关系将不会受尺寸数值的影响，例如我们可以让两条直线处于平行状态，无论它们的长度尺寸怎样发生变化，这个约束都不会改变。再如，可以将两个圆约束为同心状态，而不受圆直径尺寸变化的影响。

在进行约束工作的时候，充分利用模型浏览器上的原始坐标系（图 4-22），将会大大方便我们的约束工作。

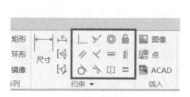

图 4-21 几何约束

图 4-22 原始坐标系

对草图约束后，按 F8 键，或者点击图 4-23 所示的"显示所有约束"按钮，就可以显示出所有执行了的草图约束（图 4-24）。

图 4-23 显示所有约束

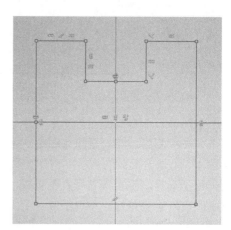

图 4-24 草图约束

另外，将鼠标放到草图约束的图标上，右键点击后可以选择删除当前约束，再重新进行约束（图 4-25）。

步骤 3：尺寸标注。最后，进行尺寸标注。点击约束菜单的"尺寸"按钮（图 4-26），点击各个直线，按照图 4-27 所示形式进行尺寸标注即可。

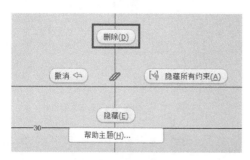

图 4-25 删除草图约束

图 4-26 尺寸按钮

比较一下图 4-24 和图 4-27，不难发现线的颜色发生了变化。当我们对直线进行了约束和尺寸标注之后，Inventor 就会自动改变线的颜色，以告诉我们它已经安全约束了。另外，我们也可以通过右下角，确认这个草图是否已经完全约束。如果出现全约束字样，就表明这个草图已经完全约束（图 4-28）。

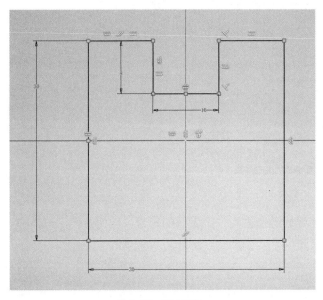

图 4-27   尺寸标注

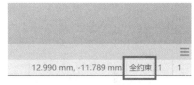

图 4-28   全约束

上面是一种草图的绘制思路，步骤 2 和步骤 3 也可以混合起来使用，不一定非要全部约束完再进行尺寸标注。大家根据自己草图绘制的实际情况灵活运用即可。

【草图操作实例 2】

下面再介绍一种思路，以法兰的绘制为例。根据化工行业标准 HG/T 20592～20635 来绘制一个 PN16 板式平焊钢制管法兰，大小为 DN50，PL50（B）-16RF，具体尺寸如图 4-29 所示，形状如图 4-30 所示。

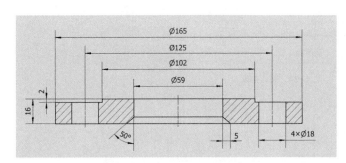

图 4-29   DN50-PN16 尺寸

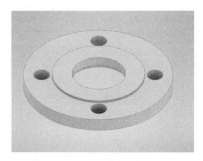

图 4-30   法兰

首先建立一个草图，草图名称为 DN50_PN16_PL.ipt，保存后再开始绘制草图。这个法兰草图的绘制，总的思路和上面介绍的三个步骤是一样的，先画大概形状，然后进行约束，最后再进行尺寸标注。但是第一步先画大概形状的时候，不一定非要用直线去创建它，像这种情况，用矩形命令去创建草图，将会更高效（图 4-31）。

图 4-31   矩形命令

步骤 1：和实例 1 的步骤 1 一样，点击开始创建二维草图，选择 XY 面，然后点击矩形命令，在 XY 面上迅速画出三个矩形（图 4-32）。

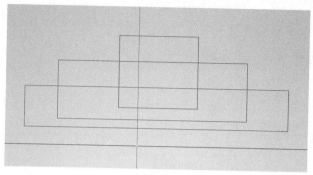

图4-32　矩形草图

在这里需要注意一下，虽然一直在强调迅速去画一个大概的形状，但为方便下一步的约束工作，我们参考着尺寸，尽量朝接近实际尺寸的方向去画。

步骤2：对矩形进行约束工作。点击约束菜单里面的"共线约束"（图4-33），就可以非常快地完成约束工作（图4-34）。

步骤3：按照图4-29的尺寸，点击约束菜单里面的"尺寸"按钮，完成尺寸标注工作（图4-35）。

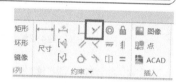

图4-33　共线约束

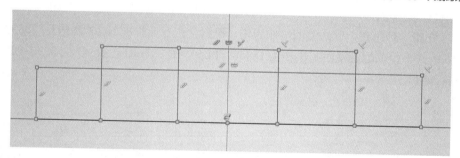

图4-34　完成约束

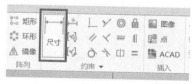

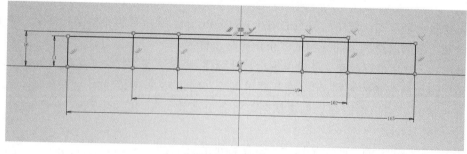

图4-35　尺寸标注

通过这个例子，大家可以明显感觉到使用矩形进行草图绘制，要比直线快很多。而且从这个例子可以看出，在草图绘制的过程中，不必计较"线的重叠"问题，充分利用 Inventor 的几何约束功能，以最快的速度建立草图并完成全约束工作。

4.1.4　零件建模

建模和草图息息相关。本小节继续通过上面的法兰草图的操作来介绍 Inventor 的零件建模。

上一节的法兰草图，点击"完成草图"后（图4-36），画面将会返回三维模型的选项板（图4-37）。

图 4-36　完成草图

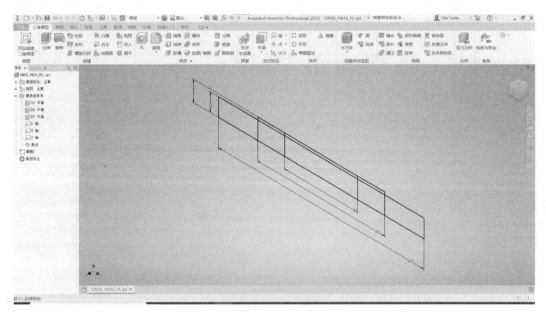

图 4-37　三维模型选项板

步骤 1：首先把法兰的大概形状给制作出来。点击"三维模型"选项卡，"创建"面板里面的"旋转"按钮（图 4-38）。

"轮廓"选择右边的 3 个轮廓（图 4-39），轴选择中间的 Z 轴（图 4-40），然后选择"确定"（图 4-41），法兰的基本模型就建成功了。

图 4-38　旋转按钮

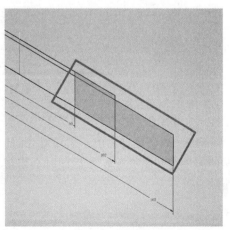

图 4-39　选择轮廓

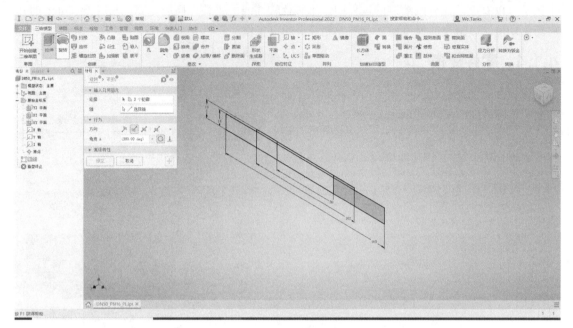

图 4-40　选择旋转轴

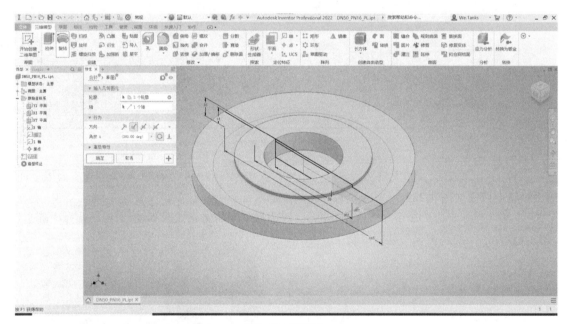

图 4-41　旋转确定

接下来开始画螺栓孔。

步骤2：画螺栓孔之前，需要对孔的位置进行草图定位。点击图 4-42 所示的法兰面，法兰面的颜色会发生变化，然后同时会出现选择菜单（图4-43），选择最后一个"创建草图"按钮。

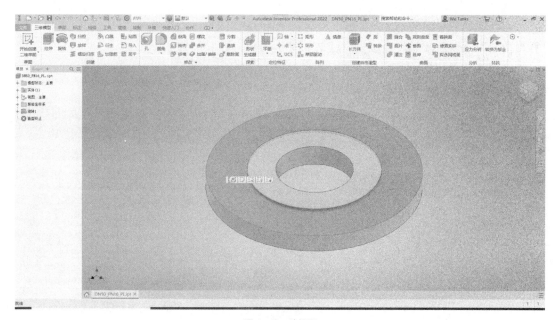

图 4-42 选择面

图 4-43 创建草图

进入草图画面之后，点击左下角的"切片观察"按钮，或者按快捷键 F7，这个时候，Inventor 会隐藏模型面向我们的部分，以方便我们绘图（图 4-44）。

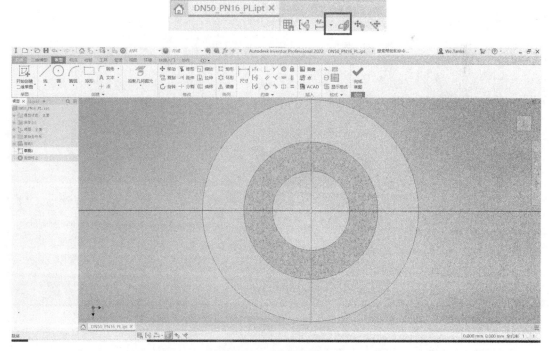

图 4-44 切片观察效果

点击创建面板里面的"投影几何图元"（图 4-45），继续点击原始坐标系里面的原点和 X 轴，这样模型的原点以及 X 轴将会被投影过来（图 4-46）。

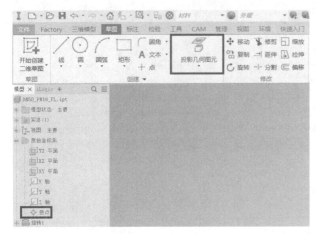

图 4-45　投影几何图元　　　　　　　　　　　　图 4-46　投影后的效果

同样的方法，原始坐标系里面的平面、轴也都可以投影过来服务于我们。在草图绘制的过程中，因为约束和草图标注的时候这些原始坐标系会经常用到，所以尽量使用它们来绘图，这样能减少绘图过程中的错误和失误。

选择创建面板里面的"圆"（图 4-47），点击刚才投影过来的圆心，画一个任意的圆（图 4-48），然后继续点击创建面板里面的"线"（图 4-49）。

图 4-47　选择圆

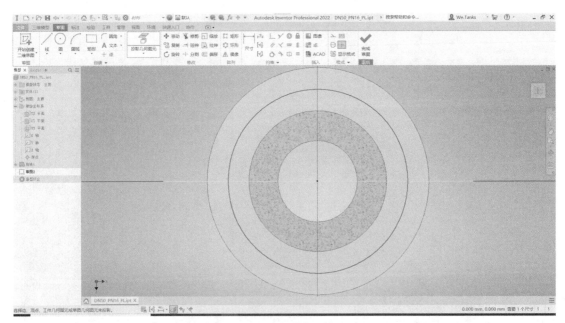

图 4-48　画圆

按照图 4-50 的方式，以圆心为起点，添加一根角度和长度任意的直线。

图 4-49　点击线

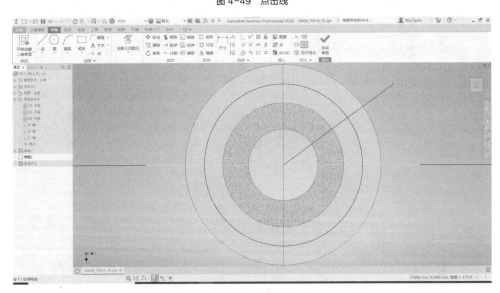

图 4-50　添加直线

继续选择修改面板里面的"修剪"按钮（图 4-51），点击直线，对直线进行修剪（图 4-52）。

图 4-51　修剪按钮

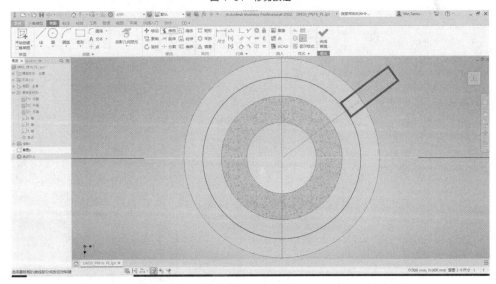

图 4-52　修剪

下面开始添加尺寸。选择约束面板里面的"尺寸"（图 4-53），按照图 4-29 所示的尺寸进行添加（图 4-54）。

最后在创建面板里选择"点"按钮（图 4-55），在直线和圆的交汇处添加"点"之后，点击"完成草图"退出（图 4-56）。

图 4-53　尺寸

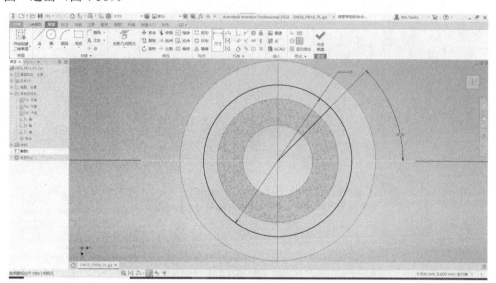

图 4-54　添加尺寸

图 4-55　点按钮

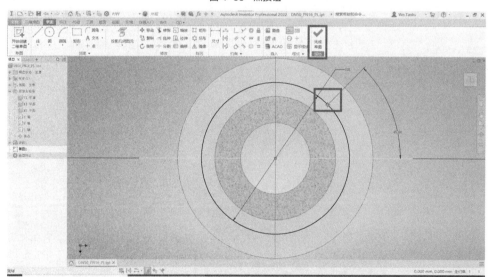

图 4-56　完成草图

步骤 3：此时画面将返回到三维建模选项卡画面，开始进行打孔。

点击修改面板里面的孔命令（图 4-57），在孔的特性对话窗弹出来的同时（图 4-58），Inventor 将会自动判断需要打孔的位置，前面创建的"点"将会直接被孔命令选中（图 4-59）。

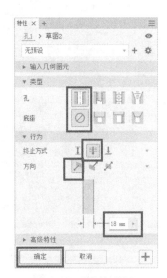

图 4-57 孔命令　　　　　　　　　　　　　　　　　　图 4-58 孔特性对话窗

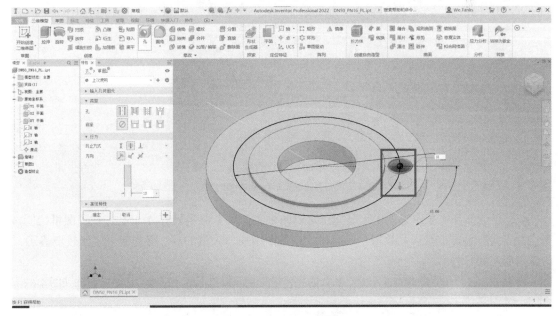

图 4-59 孔命令选中创建的点

在孔的特性对话框中，按照图 4-58 所示孔的类型、底座、终止方式、方向，尺寸输入 18mm 后，点击"确定"，将会得到图 4-60 所示的孔。

到这里，大家不难发现，如果我们在草图中添加了两个"点"的话，选择图 4-57 中的孔命令的时候，将会出现图 4-61 这样的效果。因为 Inventor 会根据点的位置和数量来自动控制孔命令。

这个时候，不禁有人要问，为什么我们只做了 1 个点，为什么不能在草图里将 4 个点都做好，都用孔命令来完成呢？

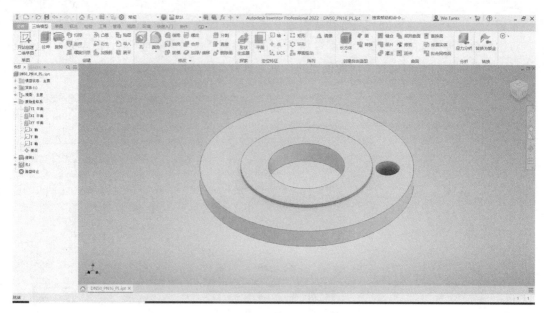

图 4-60 完成 1 个孔的制作

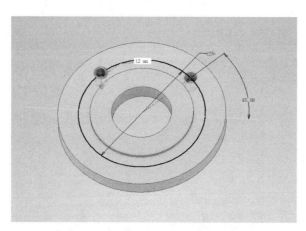

图 4-61 在草图中添加两个点制作出来的孔

4 个点全部都在草图里做出来是完全可以的。我们这个例子只有 4 个孔，在草图里绘制 4 个点并不太费事，但是当孔数很多的时候，在草图中插入大量的点，操作起来就比较费事了，这就需要用到阵列。

步骤 4：这个法兰总共有 4 个孔，其余的孔使用阵列面板里面的"环形"命令来制作（图 4-62）。

图 4-62 环形命令

点击"环形"命令后，环形阵列的对话窗口弹出来的同时，Inventor 也会自动去判别我们想阵列的孔，并且自动选择它（图 4-63）。

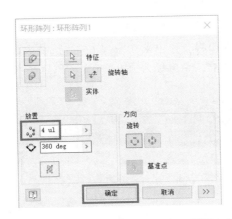

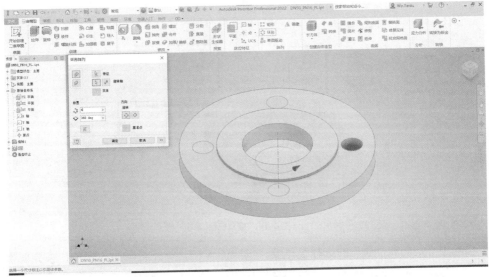

图 4-63　环形阵列

在"放置"处输入数量 4，点击"确定"之后（图 4-63），很快 4 个孔就制作了出来（图 4-64）。

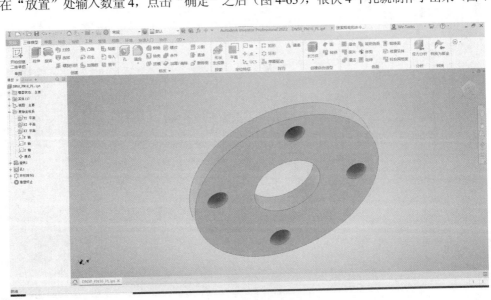

图 4-64　4 个孔制作完成

步骤 5：所有的孔制作完毕后，开始最后的一步，倒角命令。点击修改面板里面的"倒角"命令（图 4-65），倒角对话窗口将会弹出来（图 4-66），选择中间的边长和角度，根据图 4-29所示的尺寸，倒角边长输入"5"，角度输入"40"（在这里注意不是输入 50）。

图 4-65　倒角命令

图 4-66　倒角设置

图 4-66 中"边"和"面"的选择很重要。按照图 4-67，首先将画面的视角切换到要倒角的这一面，选择法兰直径 59mm 的孔和面相交处作为边，选择要倒角的这一面作为面。面选择后颜色会发生变化，这个时候会发现画面里面会显示出箭头和旋转图标（图 4-67），然后点击图 4-66 中的"确定"就完成了倒角工作。

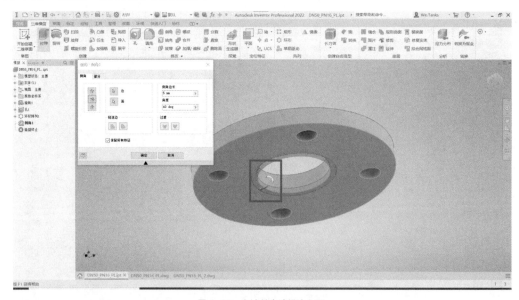

图 4-67　在法兰中选择边和面

到此，法兰建模就结束了。图 4-68 为法兰的最终完成图。

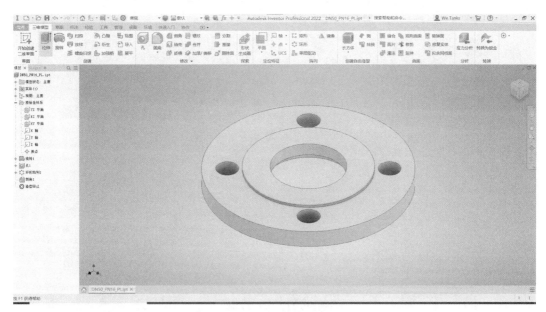

图 4-68　法兰模型

为了让大家看得更清楚一些，将法兰剖开，剖面图如图 4-69 所示。在剖面图上，我们能够很清楚地看出倒角和孔的形状。

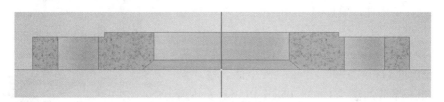

图 4-69　法兰模型剖面图

另外，也可以通过"视图"选项卡，"可见性"面板里面的"半剖视图"（图 4-70），来确认建模型的内部结构（图 4-71）。

图 4-70　半剖视图

在选择半剖视图的时候，需要告诉 Inventor 看哪一个面的剖视图，通过选择左边原始坐标系里面的"面"即可实现。而且拉动图 4-71 里面的箭头，可以瞬时看到各个剖面的结构，非常方便我们确认模型的构造。

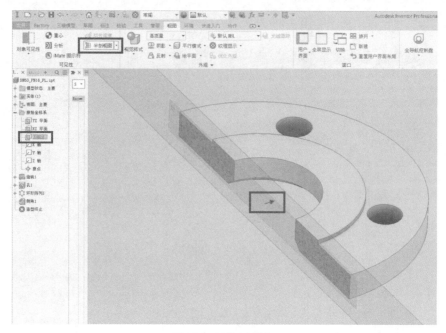

图 4-71　法兰内部结构

4.1.5　部件约束

上一节介绍了零件建模的基本步骤和方法，下面通过前面建模制作的零件，通过部件功能，将它和其他零件一起安装起来。

笔者已经提前制作了一个换热器的模型，名字为Condenser.ipt，放到和法兰同一个文件夹里面。接下来介绍如何将上一节建的法兰 DN50_PN16_PL.ipt 安装到这个换热器的模型上。图 4-72 为安装完成后的样子。

步骤 1：建立换热器 .iam 部件文件。首先需要创建一个部件文件，在"快速入门"选项卡里面，点击"部件"命令（图 4-73）。

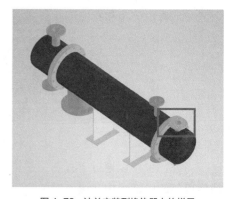

图 4-72　法兰安装到换热器上的样子

图 4-73　新建部件

和上一节介绍的一样，需要先给文件起名字进行保存，在这里起名字为"换热器.iam"，和法兰 DN50_PN16_PL.ipt 保存在同一个文件夹里。保存后画面将返回到装配选项卡画面（图 4-74）。

图 4-74　装配选项卡

步骤 2：放置 Condenser.ipt 文件。在"装配"选项卡的"零部件"面板里面，点击"放置"，就可以放置零件以及部件（图 4-75）。

先选择 Condenser.ipt 文件（图 4-76），然后点击"打开"。

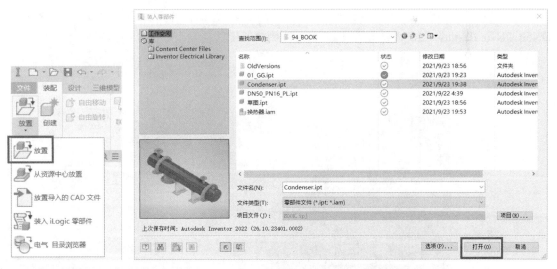

图 4-75　放置　　　　　　　　　　　　　图 4-76　Condenser.ipt 文件

画面返回到"装配"选项卡之后，在画面的空白处点击右键，选择"在原点处固定放置"（图 4-77），然后继续点击右键，点击"确定"完成本次安装（图 4-78）。

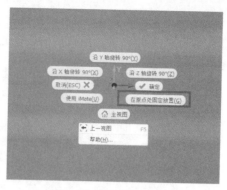

图 4-77　在原点处固定放置

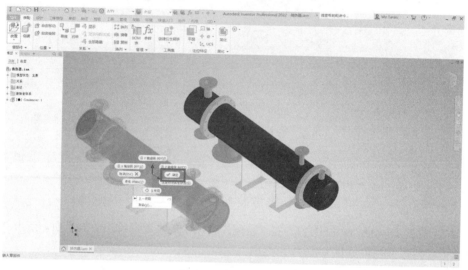

图 4-78　点击"确定"

步骤 3：放置 DN50_PN16_PL.ipt 文件。重复步骤 2 的操作，点击"放置"，选择法兰 DN50_PN16_PL.ipt，点击"打开"，画面将返回到"装配"选项卡界面（图 4-79）。

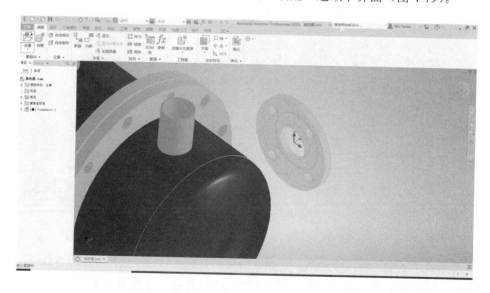

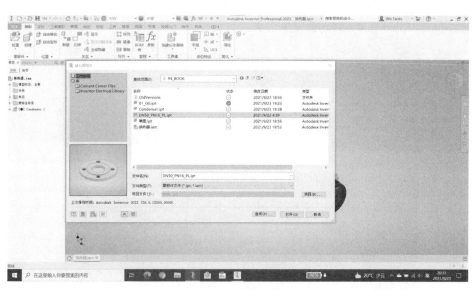

图 4-79　装配选项卡

在空白处点击右键，选择"沿 X 轴旋转 90°"（图 4-80），这个时候法兰将会旋转 90°（图 4-81），继续在空白处点击左键。

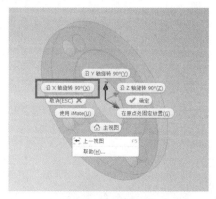

图 4-80　沿 X 轴旋转 90°

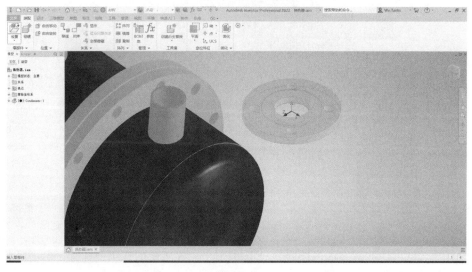

图 4-81　旋转 90°

109

点击"确定"后（图4-82），就完成了法兰的安装。

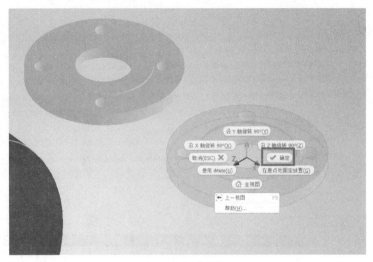

图4-82　点击"确定"

步骤4：约束法兰。在"关系"面板里，可以看到"联接"和"约束"，点击"约束"命令（图4-83），"放置约束"的对话窗口将会弹出来（图4-84），按照下面方式对"放置约束"进行设定：

类型：配合；

选择：第一次选择；

求解方法：配合；

偏移量：0.000mm。

图4-83　约束

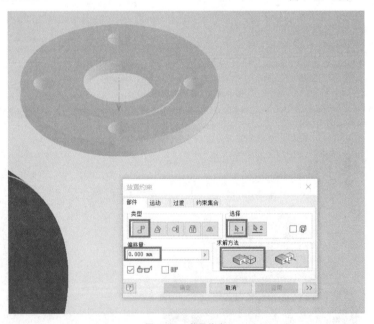

图4-84　放置约束

将鼠标放到法兰中间圆孔的内壁附近，当出现图4-85所示的箭头图标时，单击鼠标左键，然后再将鼠标放到管嘴的内壁附近，当出现箭头图标时再点击一次鼠标。

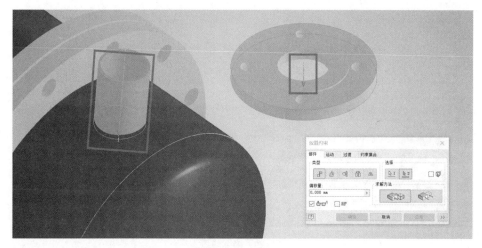

图 4-85　箭头

此时，法兰就会如图 4-86 所示自动和管嘴进行同心装配。点击"应用"，完成第一次装配。

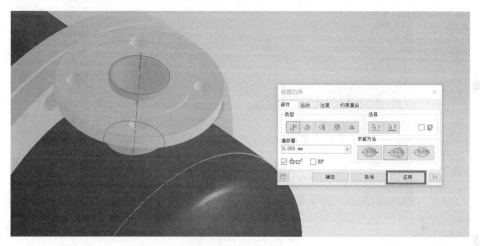

图 4-86　完成第一次装配

然后我们点击管嘴最上部的中心点（图 4-87），再继续点击法兰最上面的中心点（图 4-88），此时法兰的最上面将和管嘴的最上面自动对齐，点击"应用"完成第二次装配（图 4-89）。

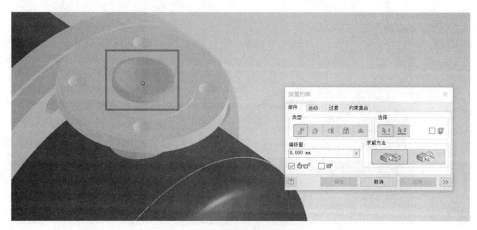

图 4-87　管嘴最上部的中心点

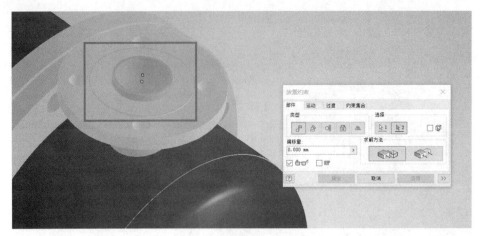

图 4-88　法兰最上面的中心点

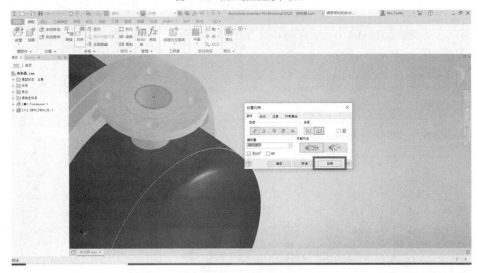

图 4-89　完成第二次装配

点击"取消"后（图 4-90），就完成了对法兰的约束操作。

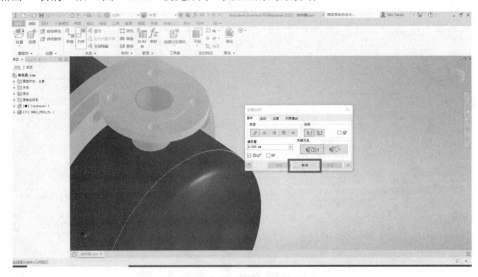

图 4-90　点击取消完成对法兰的约束

装配完成后的样子如图 4-72 所示。

4.1.6　出图

Inventor 还有一个很重要的功能那就是出图。三维零件建模和部件组装完成后，最终都需要转换成二维的图纸供现场制作使用以及和客户交流确认。

这里不禁有人要问，既然 3D 模型都绘制出来了，直接给对方 3D 模型数据就行了，为什么还要在 2D 图纸上花费时间和精力？

这种想法是错误的。

第一，图纸是技术工作者的共同语言。图纸不仅仅是尺寸和公差的准确表达，也是设计意图和理念的表达，这是三维模型所无法代替的。

第二，对待任何事情，我们都要有责任感。特别是技术工作人员，白纸黑字的尺寸、标注，图纸上的每一行语言，都代表着你这个人。

当一个产品出了问题，我们要去追究原因，是设计的问题？是加工制作的问题？还是用户使用的问题？这不是随便说说就能定性的，任何事情都需要根据。图纸也可以说是我们技术人员的护身符。

第三，纸张的经济性。无论加工还是安装，现场的工人都需要经常确认图纸。给每一个工人发一台电脑，让他们直接看三维图去操作是很不切合实际的。再加上现场环境的恶劣性，经济实惠的纸张是必不可少的工具。

综上所述，2D 图纸对技术工作人员非常重要。作为一个技术工作人员，同时也是一个公司的职员，社会的一员，我们在为社会作出贡献的同时，也必须学会保护好自己。一张图纸并不仅仅是你个人的设计，审图人和批准人的签字都在里面，这也代表着你的公司。这就是图纸的意义。

打开 Inventor 之后，在快速入门选项卡里，可以看到工程图的图标（图 4-91），点击之后，Inventor 默认的工程图模板就打开了（图 4-92）。

图 4-91　工程图

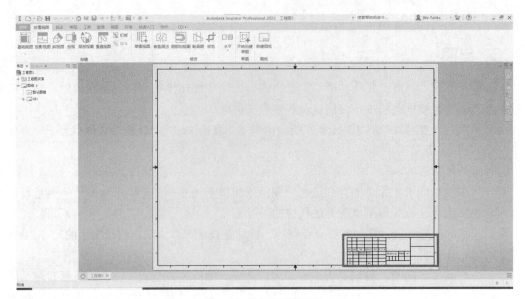

图4-92　默认的工程图模板

点击放置视图选项卡里面的"基础视图"命令（图 4-93），工程视图的对话窗口将会弹出来（图4-94），在文件的最右边有一个文件夹样子的图标，点击它选择上一节绘制好的换热器.iam文件，然后点击"确定"。之后就可以在图纸上布置俯视图（图 4-95）和主视图（图 4-96）了。继续在图纸的任意空白处点击一下，选择"确定"（图4-97），完成这次的布图工作。

图 4-93　基础视图

图 4-94　工程视图

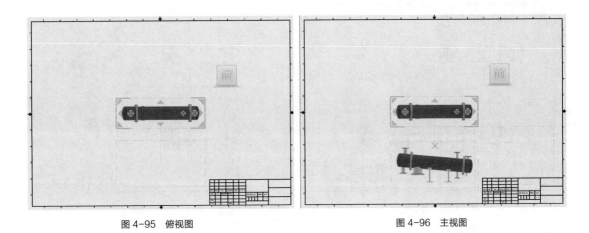

图 4-95　俯视图　　　　　　　　　　　　　图 4-96　主视图

　　将鼠标放到图形的附近，图形的四周会有虚线显示（图 4-98），选择虚线后就可以拖动图形移动到我们想布置的地方（图 4-99）。再将鼠标放到主视图的附近，点击右键，选择"投影视图"（图 4-100），就可以很简单地将侧视图（图 4-101）和立体图投影过来（图 4-102）。

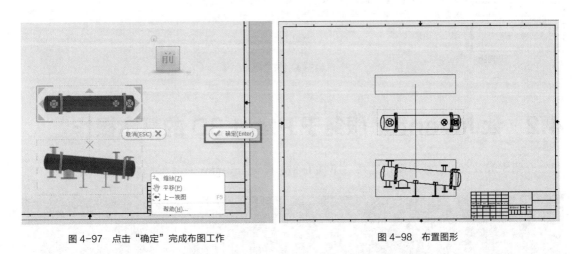

图 4-97　点击"确定"完成布图工作　　　　　　　图 4-98　布置图形

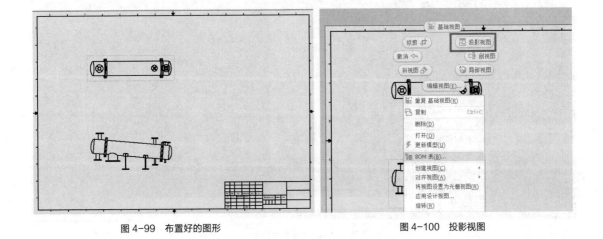

图 4-99　布置好的图形　　　　　　　　　　图 4-100　投影视图

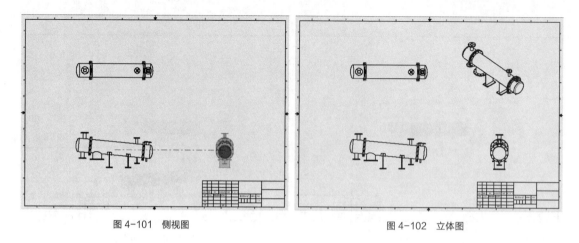

图 4-101　侧视图　　　　　　　　　　　图 4-102　立体图

视图布置完之后，就可以进行尺寸和公差的标注了（图 4-103），在这里就不再一一详细叙述了。

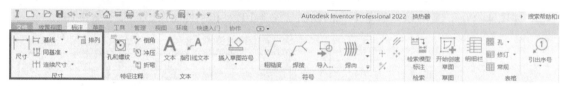

图 4-103　标注尺寸和公差

4.2　让 Inventor 服务于 Plant 3D 的基本操作

介绍完 Inventor 的基本操作之后，下面介绍怎样让 Inventor 服务于 Plant 3D。

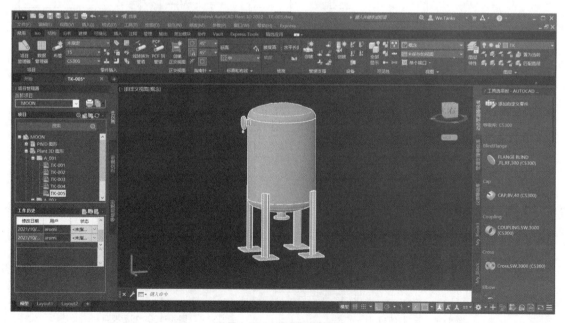

图 4-104　带支腿的容器

Plant 3D 以"占位"和"搭积木"的方式来实现快速建模，对"内部结构"的表达是不充分的。这就要求我们利用 PDMC 里面的软件来取长补短，特别是利用 Inventor 的优势来完善和服务于 Plant 3D。

利用 Plant 3D 来建模，不单单就一个整体进行三维规划、项目展示，在很多情况下我们需要出图给其他部门或者外部的配套企业来进行协调和讨论。如果不对 Plant 3D 的模型进行再加工，就直接出正交图的话，有很多地方我们无法表达。

举个例子，在 Plant 3D 中，我们可以很简单地通过"常用"里面的"创建设备"，画出来一个带支腿的容器（图 4-104）。但是我们会发现，图 4-104 的支腿是直接"焊接"到罐子上的，这很不符合常规（图 4-105）。如果将 Plant 3D 的模型简单改造一下（图 4-106），如图 4-107 所示，添加一个补强板到模型里面之后再出图，就会带来非常好的效果。

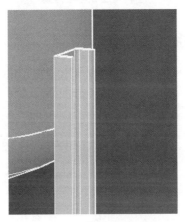

图 4-105　支腿与罐体的连接

图 4-106　改造模型

117

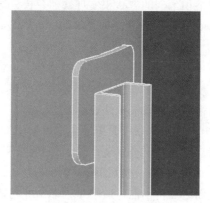

图 4-107 改造后的支腿

4.2.1 Inventor 建模系列化的基本思路

Inventor 的功能很多，在这里，给大家讲解一下怎样让 Inventor 的建模和参数化功能来服务于 Plant 3D。

以上面的支腿补强板为例，具体流程如下：

① Excel 参数表格制作。

② 添加参数。

③ 参数化建模。

④ 表单制作。

⑤ DWG 转换。

⑥ 建立自己的库。

⑦ 添加到 Plant 3D 里。

在开始使用 Inventor 建模型之前，建议大家先按照 4.3.1 节的说明，将 Inventor 模板坐标轴的方向调整一下，这样做出来的模型递交给 Plant 3D 的时候就没有方向不一致的问题了。

4.2.2 Excel 表格的制作

首先，在电脑里建一个文件夹，可以随意起名字，在这里起名为"补强板"。这一节介绍的 Excel 表格和下面介绍的 ipt 文件，都要放到这个文件夹里面。

启动 Excel，按照图 4-108 制作一个表格文件之后，起名字为"补强板.xlsx"，并保存到刚才建立的"补强板"文件夹里面。

在这里需要注意：

① 这个表格需要建立到最左边的 Sheet 里面（参阅图 4-109）。

② A 列输入名称，B 列输入数值，C 列输入单位。

③ 单位为 mm 的情况下，可以省略为空白。

④ 角度的单位为 deg，数量的单位为 ul。

为什么要先用 Excel 表格来写参数呢？大家实际操作一下下面的例子之后可能会更容易理解一些。其实在建模的过程中，可以一边建模，一边添加参数，但是这样将会导致我们经常去切换中文和英文的输入法，不但影响效率，而且还容易出现失误。

图 4-108　Excel 表格的制作　　　　　　　　图 4-109　表格的 Sheet1

更重要的一点是,我们建模一定要养成一个有计划的好习惯,先在自己的脑海里大概地演示一下,需要哪些参数,应该怎样去绘制,用表格总结起来,这样将会提高我们的工作效率。

4.2.3　添加参数

打开 Inventor,建立一个零件文件,起名字为"补强板.ipt",并保存到上面的补强板文件夹里面(图 4-110)。

图 4-110　补强板文件夹

在这里再强调一下,绘制工作的第一步就是起名称,保存文件,这个习惯非常重要。因为我们是在和电脑打交道,电脑突然死机、软件无法工作等情况是我们无法预测的。花费了很长时间设计的模型和绘制的图形因为没有保存而丢失,而不得不再去绘制一次的话,就得不偿失了。

点击"管理"选项卡里面的"参数"按钮(图 4-111),点击"打开"(图 4-112),选择 4.2.2 节建立的"补强板.xlsx"文件,如图 4-113 所示,Excel 表格的数据很快就读取到 Inventor 里面了。

图 4-111　参数按钮

图 4-112　点击打开

如果数据读取不成功,可能需要去排查以下两点:
① Excel 表格使用的是否为 Microsoft 的产品。

② 查看图 4-112 里面的开始单元是否和 Excel 表格一致。

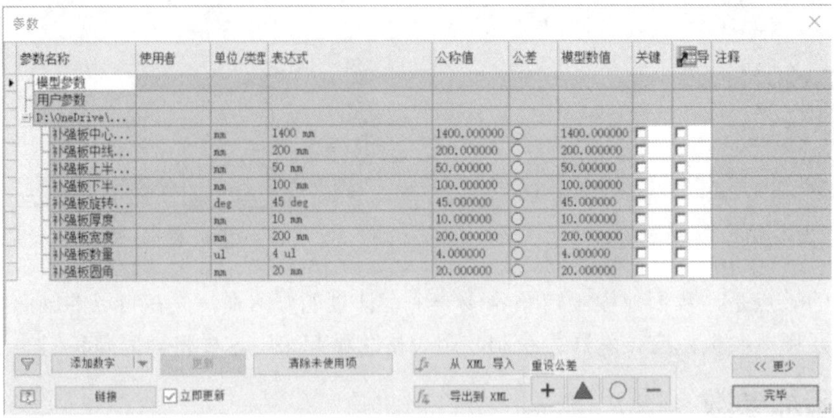

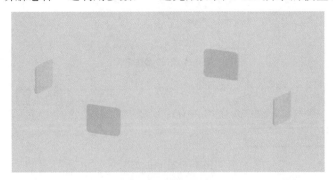

图 4-113　读取 Excel 表格文件

读取的文件需要添加到用户参数里面。鼠标右键点击名称，然后选择"添加到用户参数"即可（图 4-114）。

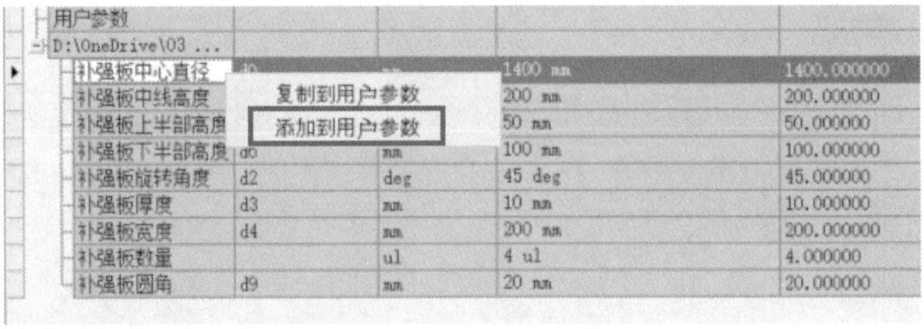

图 4-114　添加用户参数

在这里我们只能一个一个地点击右键将参数添加到用户参数里面，如果数量多的话将会很烦琐。我们可以使用 iLogic 功能，将参数一次性添加到用户参数里面。感兴趣的朋友请参阅 4.3.2 节的"使用 iLogic 添加用户参数的方法"。

至此我们的准备工作已经完成，下面就可以开始参数化建模了。

4.2.4　参数化建模

这一节开始，讲解怎样一边利用参数，一边完成如图 4-115 所示的模型。

图 4-115　补强板模型

步骤 1：选择平面。关闭上面的参数面板后，点击"三维建模"选项卡里面的"开始创建二维草图"（图 4-116），将会出现三个坐标平面，鼠标移动到各个平面上之后将会显示平面的名称，点击 XY 平面。进入到"草图"的选项卡之后，首先确认一下左下角的坐标是否为我们选择的 XY 平面，然后再确认右上角的"View Cube"是否显示为"上"（图 4-117）。

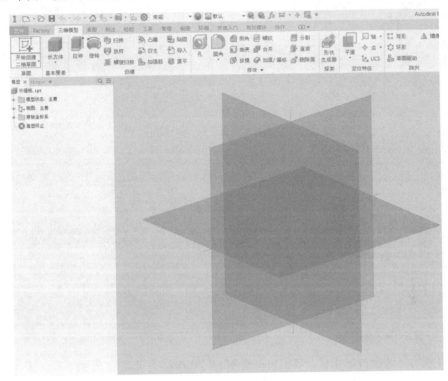

图 4-116　开始创建二维草图

步骤 2：创建草图。点击"创建"面板里面的"圆"按钮之后，将圆心定为图 4-117 中十字交叉的中点处，在空白处再点击一下鼠标，将圆绘制出来（图 4-117）。这个时候画面会弹出输入尺寸的窗口（图 4-118），点击图 4-119 所示的 ，选择"列出参数"。这个时候，4.2.3 节通过表格输入到 fx 里面的参数名称就都显示了出来（图 4-120）。选择"补强板中心直径"（图 4-120），点击图 4-121 中的 ，完成"补强板中心直径"尺寸的输入。

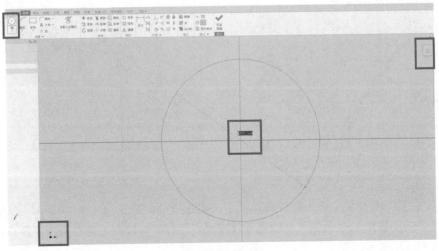

图 4-117　制作圆

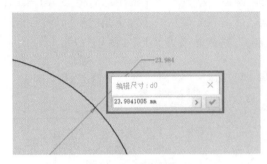

图 4-118　输入尺寸

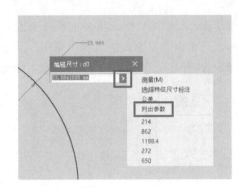

图 4-119　列出参数

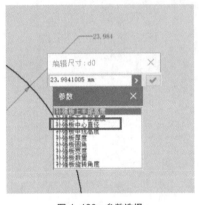

图 4-120　参数选择

图 4-121　完成补强板中心直径输入

编辑尺寸的对话窗口结束后，我们可以看到，尺寸的标注上显示 fx 的字样（图 4-122），这就说明这个数值已经参数化。

通过上面的方法，我们建模的同时就已经对数据进行了参数化，不但方便数据管理，而且在模型建立的过程中，不用频繁地去切换中英文输入法，将大大减少失误，提高效率。

同样的方法，将"补强板中线高度"也添加进去（图 4-123），具体的操作这里就不再重复了。

图 4-122　尺寸标注上的 fx 字样

图 4-123　补强板中线高度

步骤 3：创建水平平面。在三维建模选项卡的定位特征面板里面（图 4-124），点击"平面"命令，继续点击倒数第二个命令"与轴垂直且通过点"（图 4-125），先点击线，再点击线的顶点，然后我们就迅速地创建了一个平面（图 4-126）。

图 4-124　定位特征面板

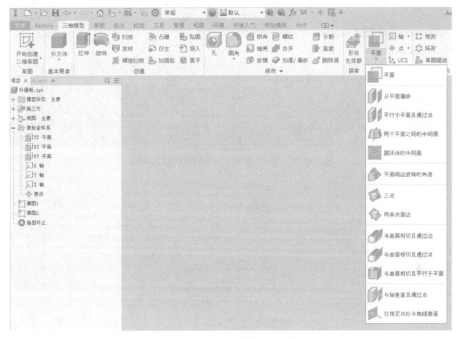

图 4-125　与轴垂直且通过点

创建文件的时候，除了默认的原始平面以外，如果还想创建新的平面，在 Inventor 里面有 12 种方法（图 4-127），这 12 种方法在 Inventor 的建模工作中经常用到，希望大家有时间自己多操作练习几次，掌握好这 12 种方法。

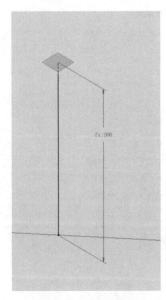

图 4-126　平面创建完成

图 4-127　创建平面的 12 种方法

步骤 4：创建旋转平面。步骤 3 创建了一个与 *XY* 平面平行，且通过直线顶点的平面（图 4-128）。和步骤 3 一样，点击定位特征里面的"平面"命令，然后选择"平面绕边旋转的角度"命令（图 4-129），依次点击模型浏览器里面的"XZ 平面"和"Z 轴"（图 4-130）。这个时候画面将会让我们输入新建平面的角度（图 4-131）。按照步骤 2 的方法，选择已经提前在 fx 参数里面设定好的"补强板旋转角度"，这样就把旋转的平面创建好了（图 4-132）。

图 4-128　与 *XY* 面平行并通过直线顶点的平面

图 4-129　平面绕边旋转的角度

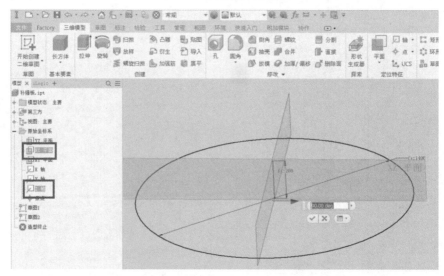

图 4-130　点击"XY 平面"和"Z 轴"

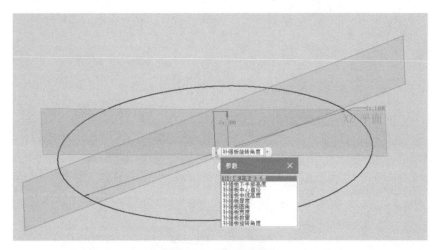

图 4-131　补强板旋转角度

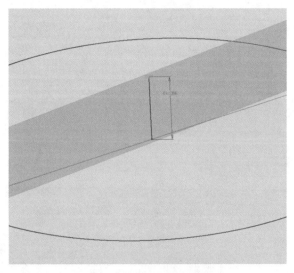

图 4-132　旋转平面创建完成

　　创建这个平面主要是为了给模型增加一个可以更改角度的功能。大多数的模型都可以利用创建平面、修改平面的旋转角度来实现模型的旋转。依靠旋转平面来确定模型的角度，在建模中经常会用到，"平面绕边旋转的角度"这个命令非常有效。

　　步骤 5：可见性设定。在步骤 3 创建的平面上进行补强板草图的绘制。点击这个平面后，将会出现"创建草图"命令（图 4-133），点击它进入草图创建环境，先点击"创建"面板里面的"投影几何图元"命令（图 4-134），将步骤 2 中制作的"补强板中心直径"和步骤 4 中制作的平面，都投影过来，投影的方法很简单，直接点击圆和平面即可（图 4-135）。

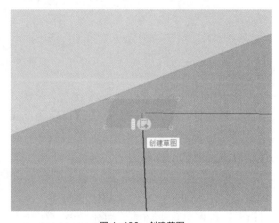

图 4-133　创建草图

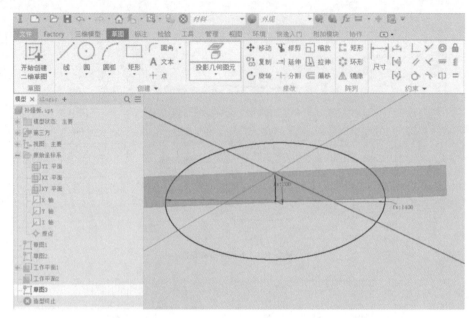

图 4-134　投影几何图元

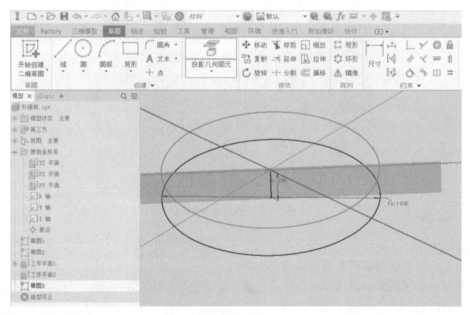

图 4-135　投影

在模型浏览器里面，任意选择一个草图，右键点击"草图"（图 4-136），点击"可见性"，前面的对钩将会消失，这个草图就设定为非可见性了。同样再点击一次，又恢复为可见性。

通过这个方法，在草图绘制的过程中，除当前草图以外的其他部分都可以先设定为非可见性，以方便我们的操作。

步骤 6：绘制补强板轮廓。点击创建面板里面的"线"（图 4-137），按照图 4-138 所示，点击原点，在步骤 5 投影过来的线的两边，各画一条直线，长度任意，然后点击"偏移"命令（图 4-137），将投影过来的圆，朝外部方向偏移。点击约束面板里面的"对称"（图 4-139），先点击中间的投影线，再点击两边刚才绘制的直线后，完成对称约束（图 4-140）。

图 4-136　可见性与非可见性的切换

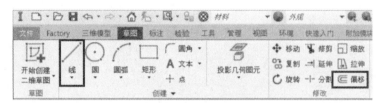

图 4-137　线绘制

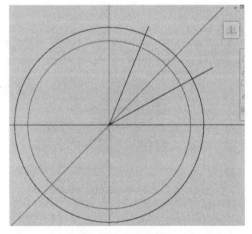

图 4-138　绘制直线

图 4-139　进行对称约束

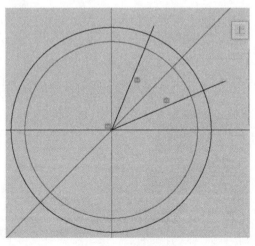

图 4-140　完成对称约束

点击修改里的"修剪"命令（图 4-141），按照图 4-142 所示，点击圆外面的直线后，就可以实现对直线的修剪。

图 4-141　修剪命令

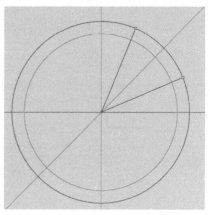

图 4-142　修剪直线

　　继续点击约束面板里面的"尺寸"命令（图 4-143），点击直线和圆的交点之后，将会出现图 4-144 所示的标注方式，这不是我们想要的标注方式。在画面空白处点击右键，然后选择"对齐"命令，标注方式将改为对齐的方式（图 4-145），然后在编辑尺寸中，按照步骤 2 的方法，选择"补强板宽度"，完成对直线的标注。

图 4-143　尺寸命令

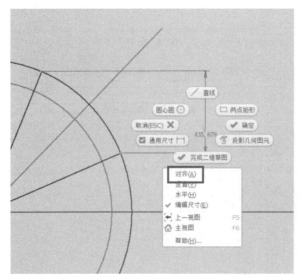

图 4-144　更改标注方式

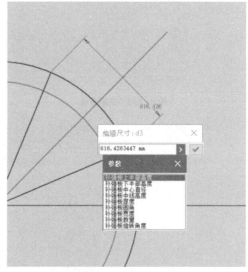

图 4-145　对齐标注

　　同样的方式，点击两个圆，选择"补强板厚度"，完成偏移的标注（图 4-146）。

　　至此我们就完成了草图的工作。我们看画面的右下方，如果显示的是全约束的字样（图 4-147），就可以结束草图操作。如果没有显示全约束，需要检查一下图纸，对没有约束和标注的地方进行完善。

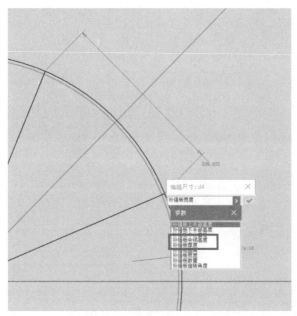

图 4-146　偏移标注

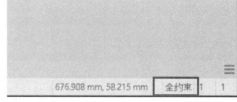

图 4-147　全约束

步骤 7：实体建模。完成了草图工作，就可以创建实体了。在创建面板里面，点击"拉伸"命令（图 4-148），拉伸特性对话窗口将弹出来（图 4-149），轮廓、方向、距离 A 和距离 B 都需要选择和设定。轮廓如图 4-150 所示，方向选择最右边的双方向，距离 A 选择"补强板上半部高度"，距离 B 选择"补强板下半部高度"（图 4-149），最后点击"确定"，如图 4-151 所示，补强板的基本模型就建好了。

图 4-148　拉伸

图 4-149　拉伸特性对话窗口

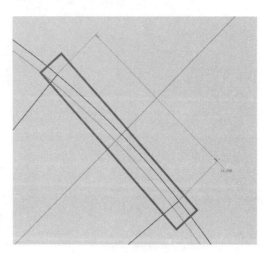

图 4-150　轮廓

129

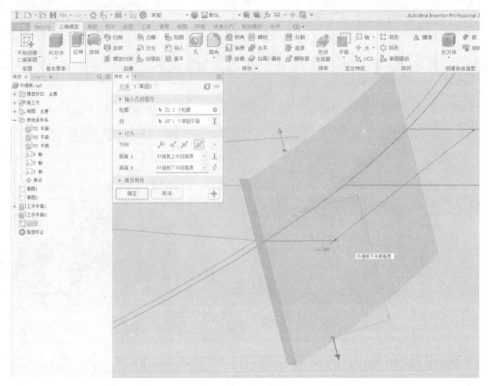

图 4-151　补强板创建

步骤 8：圆角。在修改面板里面可以看到圆角命令（图 4-152），点击"圆角"，这个时候圆角特性对话窗口将会弹出来，选择"补强板圆角"（图 4-153），点击模型的 4 个角之后，再点击"确定"（图 4-154），完成圆角操作。

图 4-152　圆角命令

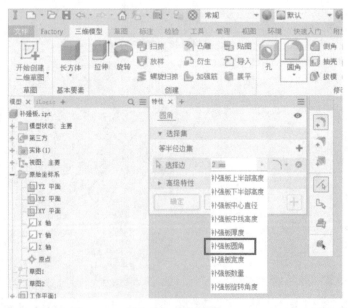

图 4-153　补强板圆角

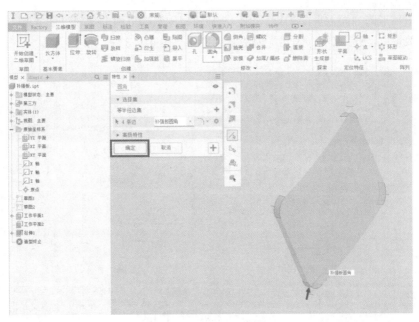

图 4-154　模型圆角操作

步骤 9：阵列。现在只做了一个补强板，因为 4 个支腿，我们需要 4 个补强板。点击阵列面板里面的"环形"（图 4-155），点击"特征"左边的箭头，选择模型浏览器里面的"拉伸"和"圆角"（图 4-156）。

图 4-155　环形阵列

图 4-156　环形阵列面板

继续点击环形阵列面板里面的旋转轴，选择模型浏览器里面的 Z 轴（图 4-157），放置处输入"补强板数量"，然后点击"确定"完成阵列操作（图 4-158）。

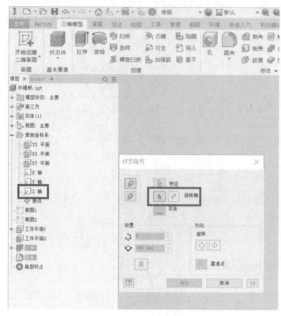

图 4-157　旋转轴

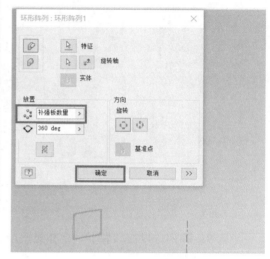

图 4-158　完成阵列操作

到这里，补强板的建模就完成了。

通过 9 个步骤完成补强板的建模。这 9 个步骤，在模型制作的时候经常能用到，现将它们总结到这里，以方便大家复习。

步骤 1：选择平面。在哪个平面上绘制草图，将直接决定建立模型的 XYZ 方向。

步骤 2：创建二维草图。先绘制大概的轮廓，然后进行约束，是二维草图绘制的大原则。

步骤 3：创建水平平面。创建平面的 12 种方法，是草图绘制基础中的基础，需要熟练掌握。

步骤 4：创建旋转平面。利用平面的旋转来确定模型的角度，是一个常用的方法。

步骤 5：可见性设定。将当前操作以外的草图和实体设为非可见，能方便我们当前操作。

步骤 6：绘制补强板轮廓。在哪个平面上创建草图轮廓，和将来修改数据有很大关系，需要提前构思好。

步骤 7：实体建模。

步骤 8：圆角。在实体建模之后进行圆角、倒角等工作，是一个普遍的建模手法，但不是绝对的。

步骤 9：阵列。能方便实现模型数量的增减。

4.2.5　表单的制作

模型建立好之后，可以建立一个操作表单，以方便我们今后的工作。

这一节，最终将完成图 4-159 所示的表单，以实现和 Plant 3D 一样的功能，通过进行参数修改来完成建模的工作。

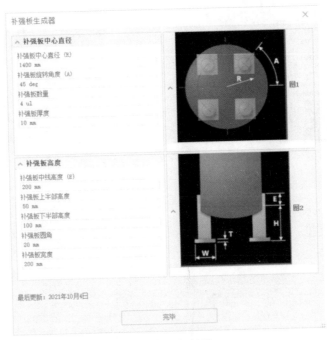

图 4-159　表单制作

步骤 1：添加表单。首先，在模型浏览器的地方点击表单选项卡（图 4-160），切换到表单的面板里面。

图 4-160　表单

当前我们还没有制作任何的表单，所以表单面板现在处于空白状态。在空白处右键点击一下，然后选择"添加表单"命令（图 4-161）。这个时候，表单编辑器将会弹出来（图 4-162），建模的时候使用的参数将会自动显示到左边的参数栏里面。

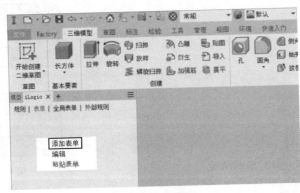

图 4-161　添加表单

图 4-162　表单编辑器

步骤 2：添加行和组。直接用左键按住参数，将它拖动到右边的标签栏里面，松开左键后就完成了参数的添加。在添加参数之前，为了方便管理，需要先将工具框里面的行和组添加过去（图 4-163）。行和组的关系如图 4-164 所示。

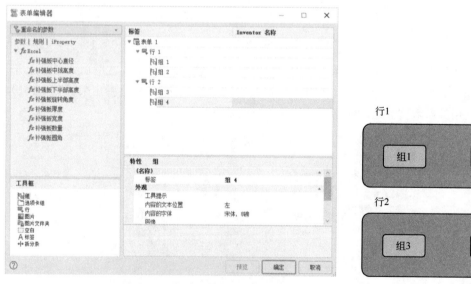

图 4-163　添加行和组

图 4-164　行和组的关系

步骤 3：添加参数。将参数按照图 4-165 的方式，分别添加到组 1 和组 3。

图 4-165　组 1 和组 3 添加参数

使用同样的方法，可以把工具框里面的"空白"和"标签"拖到标签栏里面（图 4-166）。标签可以添加一些说明语言到表单里。单击"标签"，将修改的日期"最后更新：2021 年 10 月 4 日"添加进去作为备注。

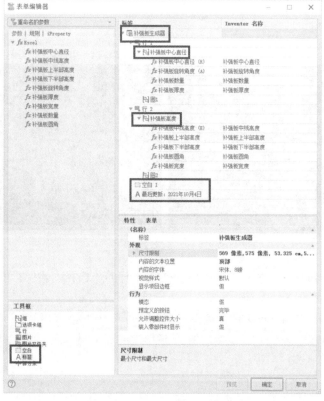

图 4-166　工具框

同样的，也可以单击"表单1""组1"等这些默认的文字，对它们进行修改。在这里将"表单1"修改为"补强板生成器"；"组1"修改为"补强板中心直径"；"组3"修改为"补强板高度"。

步骤4：添加图片。需要返回Plant 3D，打开"修改设备"（图4-167），准备好两张截图（图4-168），然后保存到"补强板"的文件夹里。

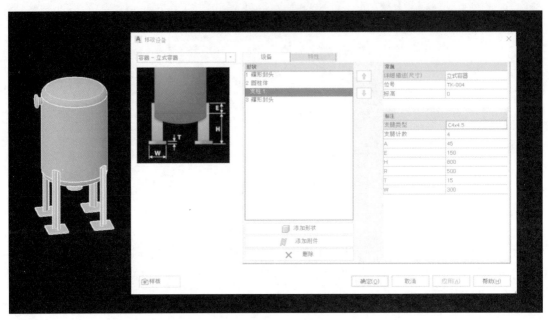

图4-167 修改设备

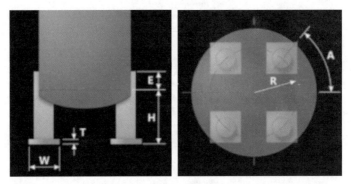

图4-168 设备截图

先选择组2，再选择图像处最右边的图标（图4-169），选择刚才保存的图片，就可以将图片显示到表单上了。

同样的操作，选择组4，再去图像处添加图片，点击"确定"（图4-169），将两张图片添加到表单里（图4-170）。

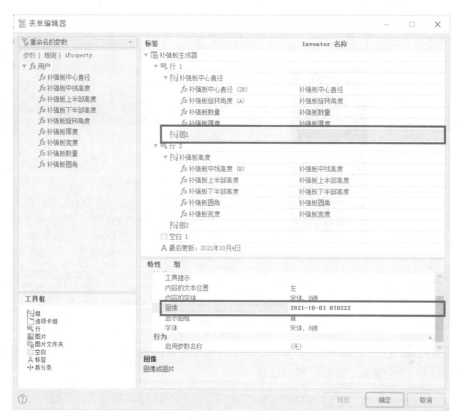

图 4-169　添加图像

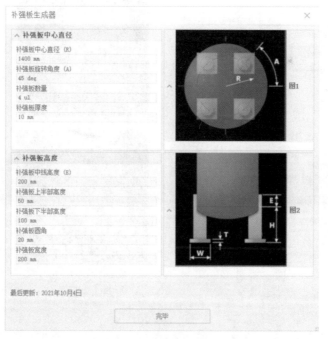

图 4-170　完成将图片添加到表单的操作

这样就完成了表单的制作（图 4-171）。我们只需要调整参数，就可以很快得到我们需要的模型，这会大大提高工作效率。

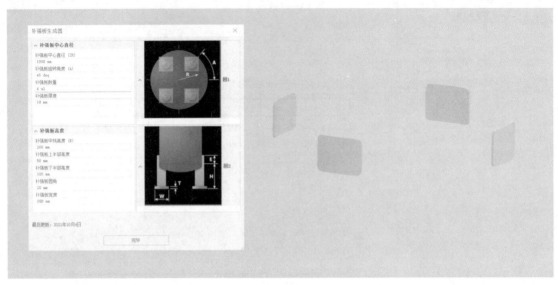

图4-171　表单制作完成

例如将补强板中心直径修改为"1000"，补强板数量修改为"6"（图4-172），就可以很快建立图4-173所示的模型，非常方便和快速。

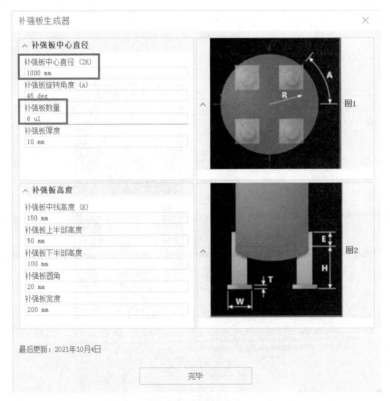

图4-172　修改数据

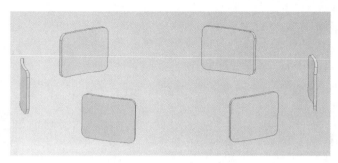

图 4-173　完成模型

以上只是将表单的基本用法和基本操作说明了一下。表单里面还有很多功能，大家在使用的过程中可以逐步地尝试和操作，慢慢掌握和应用。

4.2.6　DWG 转换

下面介绍怎样将 Inventor 做好的模型输出为 DWG 文件。

步骤 1：添加定位线。在输出 DWG 文件之前，需要在 ipt 文件里做一个辅助的定位线一起导出到 DWG 文件里面。因为在做块的时候，要选择一个基点，这个基点需要事先在 Inventor 里面表示出来，在 Plant 3D 上操作起来就会很容易了。

图 4-174 是 Plant 3D 里面的设备建模时的截图。我们在 Plant 3D 里面添加的支柱 E 的高度为 150mm，为了方便制作的模型在 Plant 3D 里面定位这个高度，需要做一个 150mm 高的辅助线。

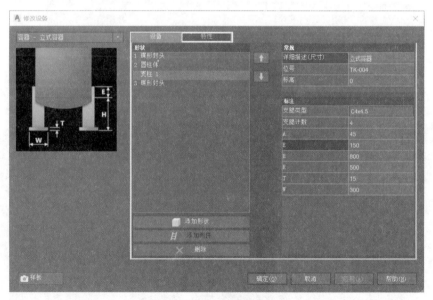

图 4-174　支柱 E 的高度

返回 Inventor 的操作平面，点击模型浏览器里面的原始平面 "XZ 平面"，新建草图后，在原点处沿 Z 轴画一根 150mm 长的直线之后，点击 "完成草图"（图 4-175）。完成后的结果如图 4-176 所示。到这里，出 DWG 文件前的操作就全部结束了。

通过补强板生成器，将自己需要的补强板调整好。前面 Plant 3D 建模的时候，创建的罐子的直径为 1000mm，支腿的数量为 4 个，下面就将补强板生成器里的参数按照上面的数值调整好（图 4-177）。

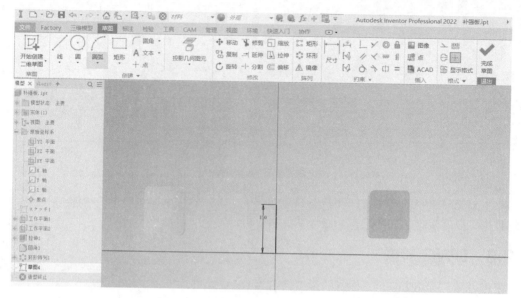

图 4-175　画定位线

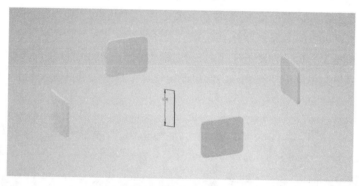

图 4-176　定位线完成

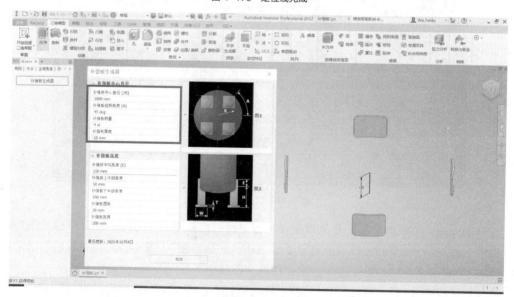

图 4-177　调整数据

步骤 2：保存 DWG 文件。点击"文件"，然后选择"导出"，再选择"导出为 DWG"（图 4-178）。

DWG 模型文件导出选项对话窗弹出来之后，一般直接点击"确定"即可（图 4-179）。

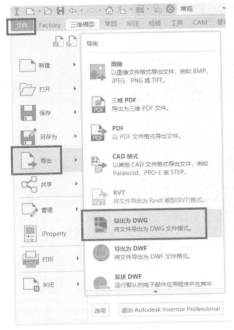

图 4-178　导出 DWG

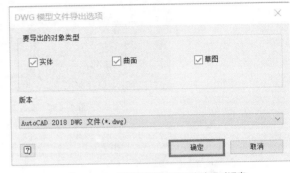

图 4-179　DWG 模型文件导出选项对话窗

将 DWG 文件保存到"补强板"的文件夹里，点击"保存"后，完成 DWG 文件的导出（图 4-180）。

图 4-180　保存 DWG 文件

4.2.7　将块添加到 Plant 3D

转换完 DWG 文件之后，下面开始介绍怎样将这个 DWG 文件里面的模型转换到 Plant 3D 里面。

步骤 1：建立库文件。打开 Plant 3D，任意新建一个 DWG 文件（图 4-181）。不用书写任何东西，直接点击"保存"，命名为"我的库"（图 4-182），将这个空白的文件保存到一个固定的场所。

继续打开刚才通过 Inventor 导出的"补强板_100_150.dwg"文件（图 4-183）。

图 4-181　新建 DWG 文件

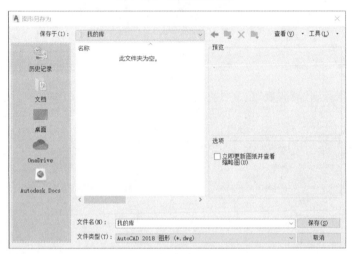

图 4-182　保存新建的 DWG 文件

图 4-183　打开文件

使用 AutoCAD 打开"补强板_100_150.dwg"也行，使用 Plant 3D 打开也行，没有任何的区别。点击"插入"选项卡里面的"块定义"面板，找到"创建块"命令。

在这里，选择使用 Plant 3D 来创建块（图 4-184），在定义块之前，需要注意以下几点：

- 使用的图层为 0 图层；
- 块的单位为毫米（mm）；
- 材质和颜色设定为 byblock。

上面这三点非常重要，如果没有满足上面这三点就去进行块的定义的话，制作好的块会出现很多问题。

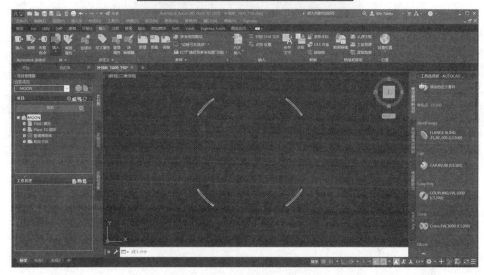

图 4-184　使用 Plant 3D 来创建块

点击"创建块"命令之后，"块定义"对话窗口就弹了出来。

首先，名称这一栏可以随意填写，在这里命名为"补强板_1000_150"（图 4-185）。

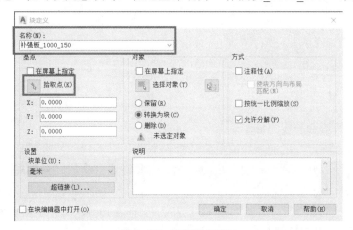

图 4-185　块定义对话窗口

然后，点击"拾取点"左边的图标（图4-185），画面将返回到"补强板_100_150.dwg"文件，点击直线的最下端，将其作为这个块的拾取点（图4-186）。

点击后，画面会自动切换到块定义的对话窗口，点击"选择对象"左边的图标，选择补强板（图4-187）。在这里要注意不要选择中间的那根直线，它只起到我们制作块的一个辅助作用。

然后点击"确定"，结束块定义对话窗操作（图4-188）。

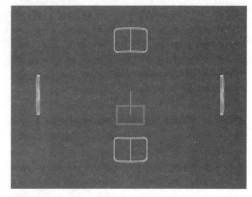

图4-186 拾取点

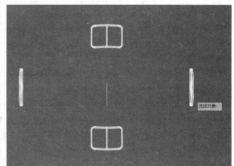

图4-187 选择补强板

图4-188 点击"确定"

到这里，我们的块就制作完成了。

另外，在点击"确定"之前，块的单位是否为毫米（图4-188），不要忘记确认一下。

到这里，块已经做好了。为方便今后的管理，需要将这个块放到我们建的库文件里。现在Plant 3D中"我的库.dwg"文件和"补强板_100_150.dwg"文件都为打开的状态（图4-189）。

在"工具"的"选项板"里，选择"设计中心"命令（图4-190），或者直接在键盘上按"Ctrl+2"，也可以打开"设计中心"对话窗口。

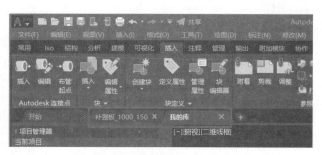

图 4-189 我的库和补强板文件

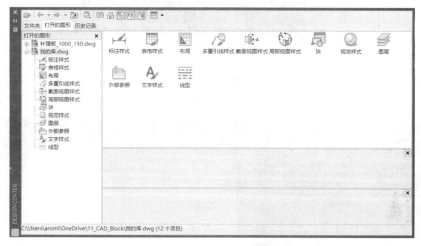

图 4-190 设计中心对话窗

　　在设计中心的对话窗口里，切换到"打开的图形"，选择"补强板_1000_150.dwg"文件里的"块"（图 4-191）。右键点击补强板_100_150 的这个块，选择"复制"命令（图 4-192）。点击"我的库.dwg"文件（图 4-193），按"CTRL+V"，在文件任意空白处点击一下之后，将块复制到"我的库.dwg"文件里面（图 4-194）。

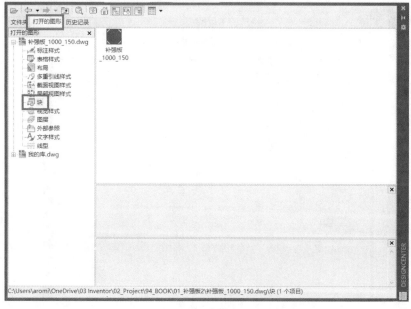

图 4-191 选择块

145

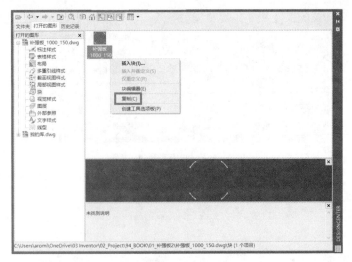

图 4-192　复制

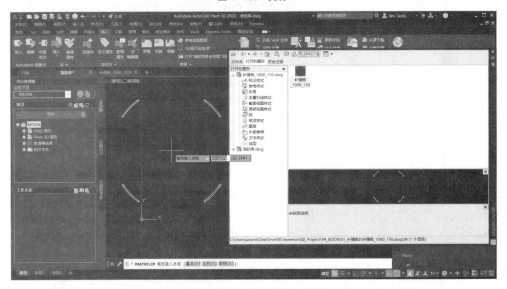

图 4-193　选择我的库.dwg 文件

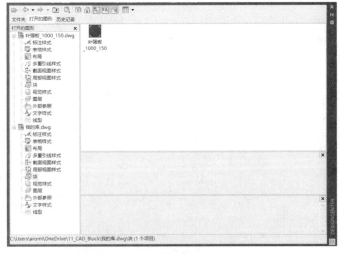

图 4-194　将块粘贴到我的库.dwg 文件夹中

最后，鼠标右键选择"我的库.dwg"文件里面的块，点击"创建工具选项板"命令（图 4-195），就可以将"我的库.dwg"文件里面的所有的块自动添加到工具选项板里面。

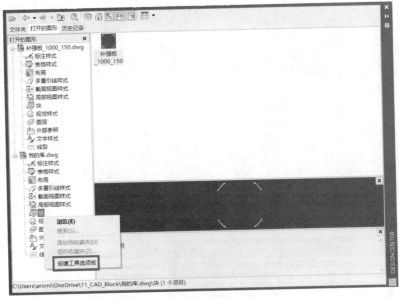

图 4-195 创建工具选项板

至此，我们完成了块的添加工作。

以此类推，将制作的块都添加到"我的库.dwg"文件里面，然后再利用上面的方法，就可以很方便地将块添加到工具选项板里供我们使用。

图 4-196 是用同样的方式制作的其他的两个块"补强板_1500_150.dwg"和"补强板_2000_150.dwg"，也同样被添加到了工具选项板里面。

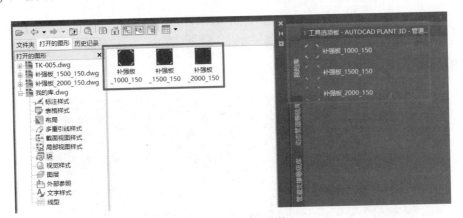

图 4-196 添加补强板块

4.2.8 将块安装到设备上

块制作好之后，我们需要将它添加到 Plant 3D 里面，以方便我们使用。

将之前制作的直径 1000mm 的罐子文件打开（图 4-197）。然后点击罐子，右键选择"修改设备"（图 4-198）。

147

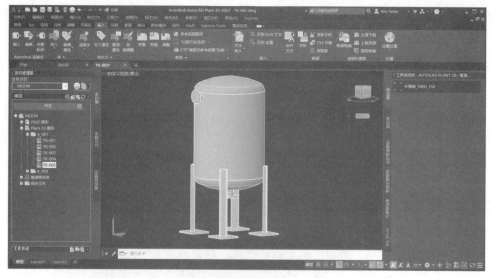

图 4-197　打开罐子文件

图 4-198　修改设备

　　修改设备的对话窗口弹出来后，点击"支柱 1"（图 4-199），将 R 从原来的 500 改为 510，然后点击"确定"完成修改。

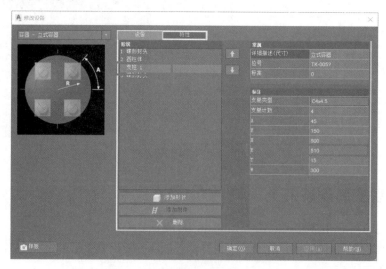

图 4-199　选择支柱 1

为方便后面的操作，点击画面左上角的"概念"，选择"二维线框"（图 4-200）。找到直筒部下部的节点（图 4-201），将模型的视线调整为我们容易选择这个节点的方向。然后点击工具选项板，"我的块"里面的"补强板_1000_150"（图 4-202），再点击节点后，就很简单地将块安装到了设备上。图 4-203 是将视觉效果从二维线框切换到概念后的完成图。

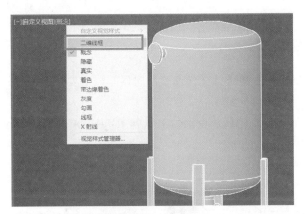

图 4-200　二维线框

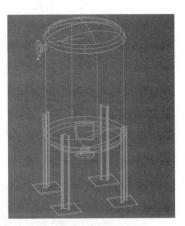

图 4-201　直筒部下部节点

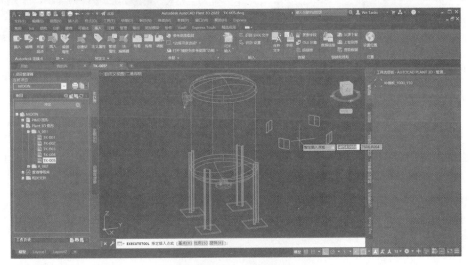

图 4-202　选择块

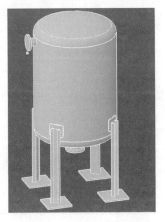

图 4-203　补强板安装完成

以上就是将块添加到 Plant 3D 的全部过程。

4.3 Inventor 在操作中的几个注意事项

Inventor 和 Plant 3D 协作，有一些需要注意的地方。

4.3.1 坐标轴

坐标轴的方向是很重要的。我们在各个软件之间进行文件递交的时候，一定要注意坐标轴的方向是否一致。

打开 PDMC 的各种软件会发现，除了 Inventor 的默认设定为 Y 轴朝上，AutoCAD、Fusion 360、3ds Max 等都是 Z 轴朝上（图 4-204）。

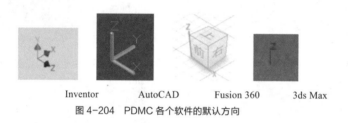

Inventor　　　AutoCAD　　　Fusion 360　　　3ds Max

图 4-204　PDMC 各个软件的默认方向

如果方向不统一，在软件之间"递交文件"的时候，在 Plant 3D 里面实行"参照"的时候，还有在 Navisworks 里面实行"附加"的时候，都将会出现很多问题。现将 Inventor 的 Standard.ipt 模板怎样修改 Z 轴方向使其朝上的方法介绍如下。

步骤 1：首先启动 Inventor，在打开零件模板进行设定之前，先确认一下自己的模板设置。点击画面上的配置图标（图 4-205）。这时候"设置默认模板"会弹出来，如果我们安装的是 Inventor 中文版，默认的单位为"毫米"，标准为"GB"（图 4-206）。如果不是这样的设定，在修改后，按"确定"即可。

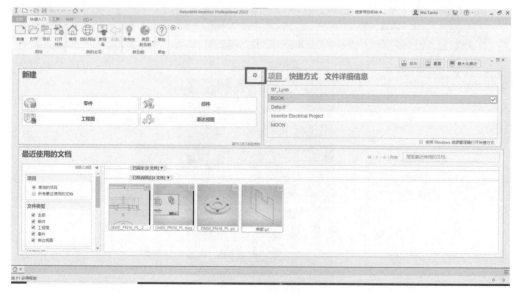

图 4-205　配置按钮

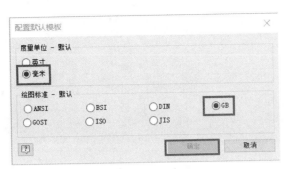

图 4-206　设置默认模板

因为我们后面要建立一个自己用的新模板，单位和绘图标准这样的大前提必须明确，之后才能进行下面的操作。

步骤 2：返回首页画面，点击"零件"，进入零件的操作界面（图 4-207），从图 4-206 左下角的坐标轴可以看出，Y 轴是处于朝上的状态，"View Cube"的文字显示为"前"（图 4-208）。

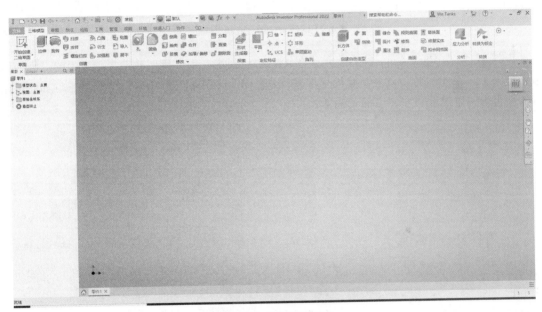

图 4-207　零件的操作界面

步骤 3：将鼠标放到画面右上角的"View Cube"上，点击"前"字下面的上三角（图 4-209），这时候会看到操作界面的方向发生了变化（图 4-210），左下角的坐标轴 Z 轴朝上（图 4-211），右上角的"View Cube"的文字改为了"下"字（图 4-212）。

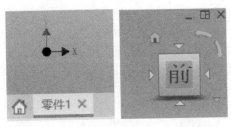

图 4-208　坐标轴方向和 View Cube 文字

图 4-209　点击上三角图标

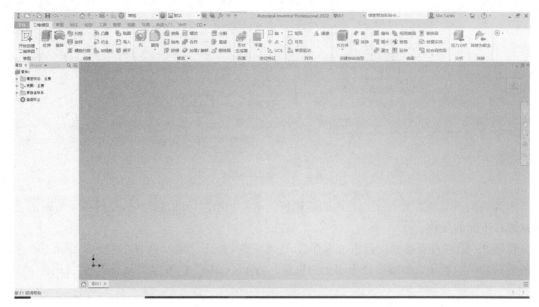

图 4-210　改变方向之后的操作界面

步骤 4：点击 View Cube 的右上角（图 4-213），到这一步，我们就把 Z 轴朝上的三维画面给调出来了（图 4-214）。看左下角的坐标系，Z 轴朝上（图 4-215），右上角的 View Cube 所显示的面也为三维的前、下、右面（图 4-216）。

图 4-211　坐标轴方向

图 4-212　View Cube 文字

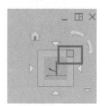

图 4-213　点击 View Cube 右上角

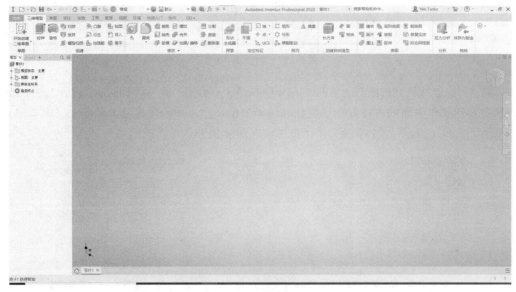

图 4-214　Z 轴朝上的三维画面

图 4-215　坐标轴方向

图 4-216　View Cube 文字

步骤 5：将鼠标放到 View Cube 上面，在 View Cube 上点击右键（图 4-217），在弹出来的菜单上，选择"将当前视图设定为主视图"，然后选择"布满视图"（图 4-218）。将主视图设定为布满视图，将方便我们模型的绘制。

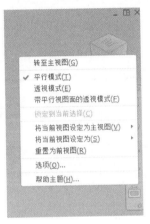

图 4-217　View Cube 右键菜单

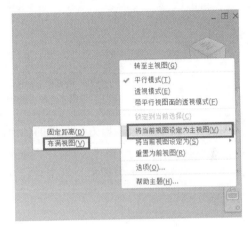

图 4-218　布满视图

步骤 6：点击 View Cube 的"下"这一面，使 View Cube 成为图 4-219 所示状态。

步骤 7：将鼠标放到 View Cube 上，右键点击后会弹出图 4-217 所示的设置菜单，选择将"当前视图设定为"，再继续点击"前视图"（图 4-220）。

图 4-219　点击"下"之后的 View Cube 状态

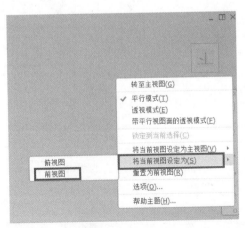

图 4-220　前视图

到此，画面设定就完成了，如图 4-221 所示。

图4-221　画面设定完成

　　现在需要将它保存为模板，以方便今后的使用。

　　步骤8：在画面左上角，点击"文件"，将鼠标放到"另存为"上面不动，另存为的画面就会显示出来，点击"保存副本为模板"这个功能（图 4-222）。"将副本另存为模板"对话框将会弹出来。

图4-222　保存副本为模板

　　"将副本另存为模板"的对话窗框出来后，先确认一下此模板是否保存在"zh-CN"这个文件夹下面，然后将文件名改为"Standard_Z_UP.ipt"（文件名随意，汉字也可以），继续点击"保存"（图4-223）。这个时候，图4-224所示的画面会弹出来，直接点击"是"即可。

图 4-223　将副本另存为模板

图 4-224　点击"是"继续保存

到这里，模板就保存完毕了。

关闭 Inventor 后，再启动它，点击"新建"菜单，就可以看到我们刚才保存的"Standard_Z_UP.ipt"模板了（图 4-225），双击这个模板，就可以使用了。

在这里，如果大家不习惯从"新建"开始创建模板，还是希望直接点击图 4-226 中的"零件"来创建模板的话，找到电脑里面模板保存的文件夹位置（图 4-227）。打开文件夹，找到并打开 zh-CN 文件夹，就会看到初始的"Standard.ipt"模板和我们自己建的"Standard_Z_UP.ipt"模板（图 4-228），按照下面的顺序将文件夹里面的文件名称更改一下（图 4-229）：

● "Standard.ipt"文件名更改为"Standard_Original.ipt"，备份一下；

● 复制一份"Standard_Z_UP.ipt"，并将复制的这份名字改为"Standard.ipt"。

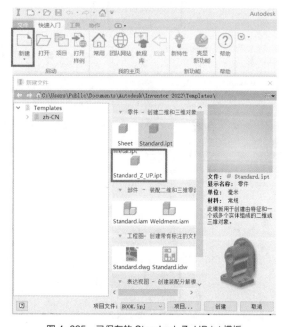

图 4-225　已保存的 Standard_Z_UP.ipt 模板

图 4-226　点击"零件"新建模板

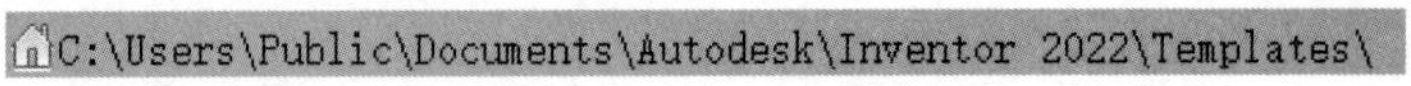

⌂C:\Users\Public\Documents\Autodesk\Inventor 2022\Templates\

图 4-227　模板保存的位置

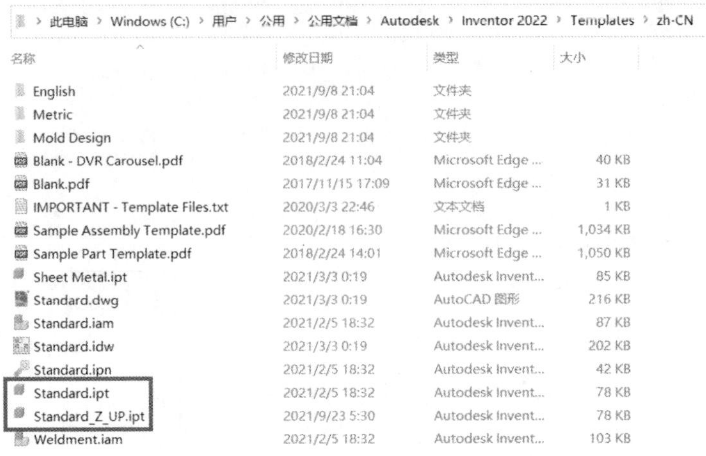

此电脑 › Windows (C:) › 用户 › 公用 › 公用文档 › Autodesk › Inventor 2022 › Templates › zh-CN

名称	修改日期	类型	大小
English	2021/9/8 21:04	文件夹	
Metric	2021/9/8 21:04	文件夹	
Mold Design	2021/9/8 21:04	文件夹	
Blank - DVR Carousel.pdf	2018/2/24 11:04	Microsoft Edge ...	40 KB
Blank.pdf	2017/11/15 17:09	Microsoft Edge ...	31 KB
IMPORTANT - Template Files.txt	2020/3/3 22:46	文本文档	1 KB
Sample Assembly Template.pdf	2020/2/18 16:30	Microsoft Edge ...	1,034 KB
Sample Part Template.pdf	2018/2/24 14:01	Microsoft Edge ...	1,050 KB
Sheet Metal.ipt	2021/3/3 0:19	Autodesk Invent...	85 KB
Standard.dwg	2021/3/3 0:19	AutoCAD 图形	216 KB
Standard.iam	2021/2/5 18:32	Autodesk Invent...	87 KB
Standard.idw	2021/3/3 0:19	Autodesk Invent...	202 KB
Standard.ipn	2021/2/5 18:32	Autodesk Invent...	42 KB
Standard.ipt	2021/2/5 18:32	Autodesk Invent...	78 KB
Standard_Z_UP.ipt	2021/9/23 5:30	Autodesk Invent...	78 KB
Weldment.iam	2021/2/5 18:32	Autodesk Invent...	103 KB

图 4-228　模板文件夹

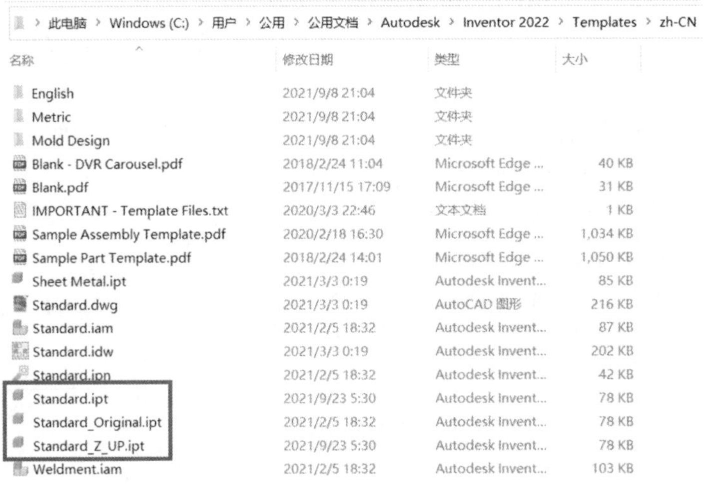

此电脑 › Windows (C:) › 用户 › 公用 › 公用文档 › Autodesk › Inventor 2022 › Templates › zh-CN

名称	修改日期	类型	大小
English	2021/9/8 21:04	文件夹	
Metric	2021/9/8 21:04	文件夹	
Mold Design	2021/9/8 21:04	文件夹	
Blank - DVR Carousel.pdf	2018/2/24 11:04	Microsoft Edge ...	40 KB
Blank.pdf	2017/11/15 17:09	Microsoft Edge ...	31 KB
IMPORTANT - Template Files.txt	2020/3/3 22:46	文本文档	1 KB
Sample Assembly Template.pdf	2020/2/18 16:30	Microsoft Edge ...	1,034 KB
Sample Part Template.pdf	2018/2/24 14:01	Microsoft Edge ...	1,050 KB
Sheet Metal.ipt	2021/3/3 0:19	Autodesk Invent...	85 KB
Standard.dwg	2021/3/3 0:19	AutoCAD 图形	216 KB
Standard.iam	2021/2/5 18:32	Autodesk Invent...	87 KB
Standard.idw	2021/3/3 0:19	Autodesk Invent...	202 KB
Standard.ipn	2021/2/5 18:32	Autodesk Invent...	42 KB
Standard.ipt	2021/9/23 5:30	Autodesk Invent...	78 KB
Standard_Original.ipt	2021/2/5 18:32	Autodesk Invent...	78 KB
Standard_Z_UP.ipt	2021/9/23 5:30	Autodesk Invent...	78 KB
Weldment.iam	2021/2/5 18:32	Autodesk Invent...	103 KB

图 4-229　模板名称更改

关闭文件夹，关闭 Inventor。然后再重新启动 Inventor，切换到"快速入门"，自制的模板就已经反映到图 4-230 中的"零件"上了。

图 4-230　零件

当然，通过新建，同样点击"Standard_Original.ipt"，还是可以使用软件自带的原始的模板的（图 4-231）。

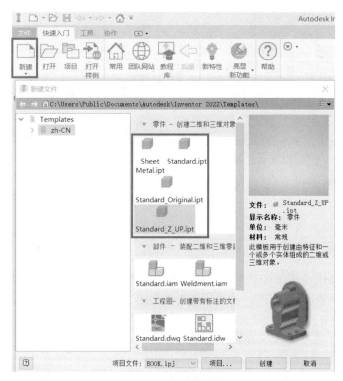

图 4-231   软件的原始模板

4.3.2   使用 iLogic 添加用户参数的方法

通过 Excel 来添加参数，能有效地利用我们的时间，有利于提高绘图效率。但是如图 4-232 所示，只能对从 Excel 添加过来的参数一个一个手动添加到用户参数上，当表格的参数过多时，会给我们的操作带来疲惫感。

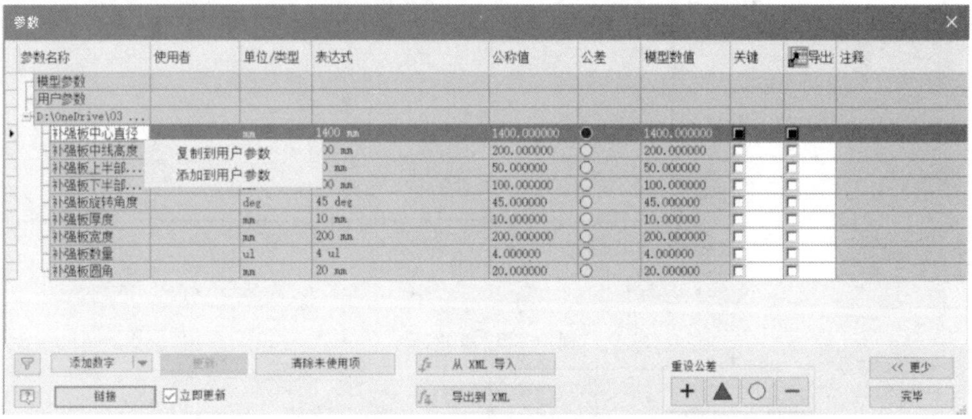

图 4-232   将从 Excel 添加过来的参数添加到用户参数中

在这里，给大家介绍怎样利用 iLogic 将从 Excel 添加过来的参数添加到用户参数中。

在 4.2.3 这一节里，介绍了手动添加参数的方法，"补强板 .xlsx"的参数添加到 Inventor 之后，选择模型浏览器里面的"iLogic 面板"，在空白处点击右键，选择"添加规则"（图 4-233），然后添加名称，在这里取名字为"自动添加参数"（图 4-234）。然后编辑规则面板将会弹出来。

图 4-233　添加规则　　　　　　　　　　　　　　　图 4-234　添加名称

编辑规则面板使用方法在这里不再详细叙述，在图 4-235 空白处，添加图 4-236 所示的代码。添加完毕之后，点击"保存"，再继续点击"关闭"（图 4-237）。

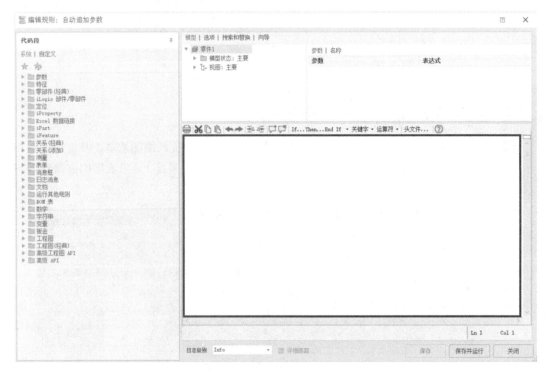

图 4-235　添加代码

```
Dim oParam As Inventor.Parameter

For Each oParam In ThisDoc.Document.ComponentDefinition.Parameters
    If oParam.Type = kTableParameterObject Then
        oParam.ConvertToUserParameter
    End If
    Next
```

图 4-236　代码

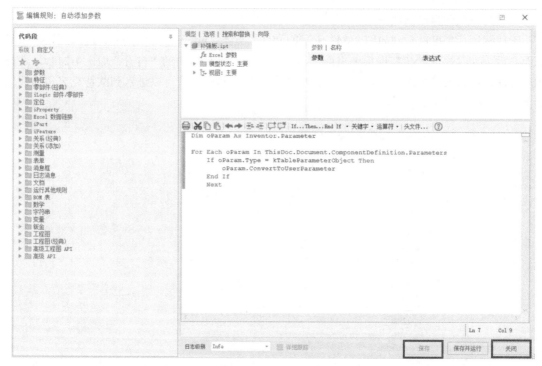

图 4-237 添加完成

然后在模型浏览器这里，右键点击"自动添加参数"，选择"运行规则"（图 4-238），再打开 fx 参数，即可看到所有的参数都已经自动添加到用户参数里面了（图 4-239）。

图 4-238 运行规则　　　　　　　　　　　　　　　图 4-239 用户参数确认

4.3.3 学习 Inventor 的好资源

欧特克的官方网站上，有很多学习 Inventor 的好资源。打开 Inventor，切换到快速入门的选项卡，会看到"打开样例"（图 4-240），单击后，就能打开"Inventor Sample Files"这个网页（图 4-241）。点击"BrewMain-Drawing-ModelState.zip"（图 4-242），

图 4-240 打开样例

就可以将其下载到自己的电脑里。

下载解压后，可以看到如图 4-243 所示的文件，点击"brewing-main.ipj"，进入到这个项目里面之后，在"快速入门"选项卡里面，点击"启动"面板里面的"打开"（图 4-244），选择"brewing-main.iam"文件（图 4-245），并打开它（图 4-246），就可以进入到欧特克公司为我们准备的项目主页里了。

Inventor Sample Files

May 14 2021 | Download

SHARE ⊲   ADD TO COLLECTION ✦

Download these sample files to explore Autodesk® Inventor® software functionality.

All Legacy sample files are listed under the last migrated release. They can be migrated for use with subsequent releases, and are self-extracting installers. All legacy sample data is grouped under a single project (ipj) file.

Any Part and/or Part Only dependent files can be used with Inventor LT.

Sample Files
For use in Inventor 2022 or newer release
BrewMain-Drawing-ModelState.zip - iLogic managed brewing system assembly and drawing demonstrating model states.

For use in Inventor 2021 or newer release
BrewMain_Drawing.zip - iLogic managed brewing system assembly and drawing.

For use in Inventor 2019 or newer release
Car_Seat.zip - Driver car seat and front passenger car seat assembly and drawing

Fishing_Rod.zip - Fishing reel and rod assembly and drawing

Inkjet_Printer_Prototype.zip - Inkjet printer assembly and drawing

Jet_Engine_Model.zip - Experimental jet engine assembly

Legacy Sample Files
2019

☐ Inventor 2019 Sample Files (exe - 444732KB)

☐ Inventor LT 2019 Sample Files (exe - 92300KB)

2018

☐ Inventor 2018 Sample Files (exe - 400000KB)

☐ Inventor LT 2018 Sample Files (exe - 85500KB)

2017

☐ Inventor 2017 Sample Files (exe - 389000KB)

☐ Inventor LT 2017 Sample Files (exe - 82500KB)

2016

☐ Inventor 2016 Sample Files (exe - 419840KB)

☐ Inventor LT 2016 Sample Files (exe - 84890KB)

图 4-241   Inventor Sample Files 网页

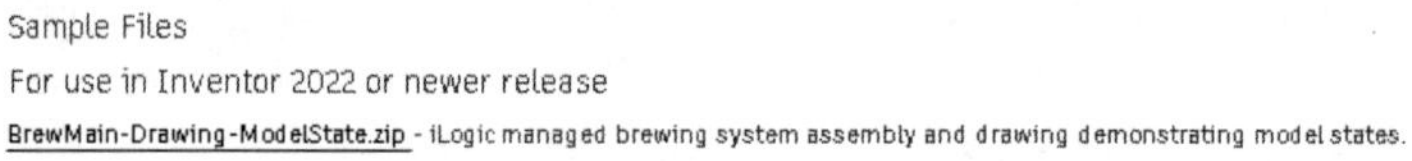

Sample Files
For use in Inventor 2022 or newer release
BrewMain-Drawing-ModelState.zip - iLogic managed brewing system assembly and drawing demonstrating model states.

图 4-242   下载 BrewMain-Drawing-ModelState.zip

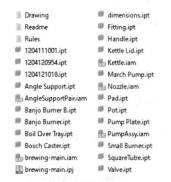

图 4-243   BrewMain-Drawing-ModelState 内容

图 4-244   打开文件夹

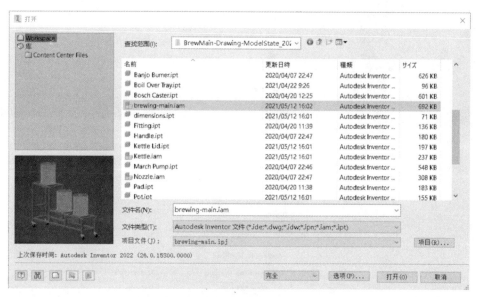

图 4-245　选择 brewing-main.iam 文件

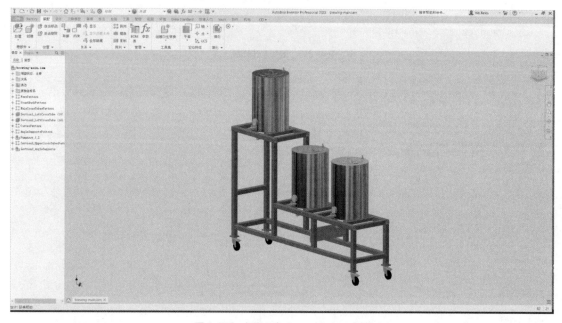

图 4-246　打开 brewing-main.iam 文件

特别是表单制作（图 4-247）和 iLogic 学习（图 4-248）的样例，这个文件里面有很多值得我们仔细去研究和借鉴的地方，甚至很多 iLogic 的代码，我们只需要简单修改就可以放到自己的项目里面进行运行。

换句话说，学习和研究欧特克公司为我们准备的这些样例，是提高我们自身水平的一个很好的捷径。

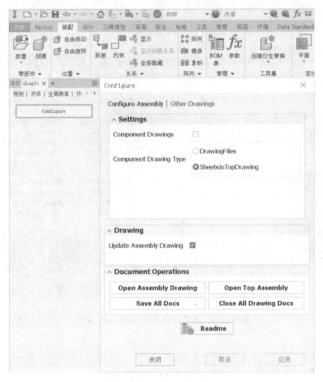

图 4-247　表单制作样例

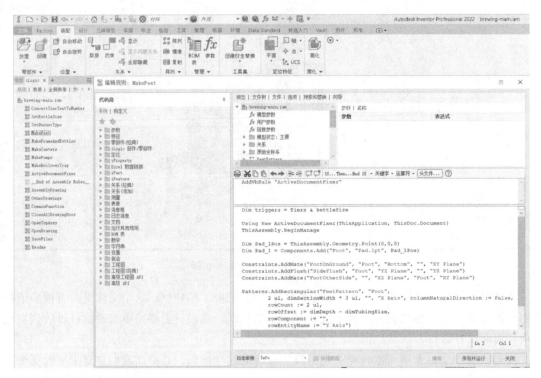

图 4-248　iLogic 学习样例

第5章 Navisworks

未来社会网络会议、在家办公等将会越来越普及，传统的面对面工作模式正在发生着变化，我们必须尽快适应这种网络时代下的新工作模式、新的工作环境，并且要尽快地去习惯它和自由地使用它。

Navisworks 作为 PDMC 中的一个核心软件，在流程工厂设计中占有很重要的地位。Navisworks 是一个非常适合网络会议和远程办公的工具。它的很多功能，特别对三维设计的技术人员来说，会给我们未来的新工作环境带来很多意想不到的效果。

5.1 Navisworks 简介

在使用 Navisworks 进行流程工厂设计之前，先了解一下这个软件。Navisworks 有三个版本：

① Navisworks Manage：它包含了 Navisworks 的所有功能。

② Navisworks Simulate：一个没有碰撞检查功能的简化版本。

③ Navisworks Freedom：免费的版本。除了读取以外，很多功能都被限制了。

PDMC 包含 Navisworks Manage 和 Navisworks Freedom 这两个版本，对于大多数的技术工作人员来说，如果要使用碰撞检查功能的话，只能选择 Navisworks Manage 这个版本。另外，Navisworks 有三种保存文件的格式，NWF、NWD 和 NWC。

- NWF：在 Navisworks 操作的时候，尽量使用这种格式保存文件。这种文件格式将会和源文件保持同步，也就是说我们的 Plant 3D 或者 Inventor 的模型有改动的时候，添加到 Navisworks 里的模型也会一起跟随着变化。

- NWD：NWD 文件格式将会让 Navisworks 的模型形成一个独立的文件，也就是说它将不会跟随着 Plant 3D 或者 Inventor 的源模型文件变化。如果需要将文件递交给外部的话，请保存为这种格式。

- NWC：仅为缓存文件。Plant 3D 软件中有 NWC 这个快捷键，可以将项目的 DWG 文件生成 NWC 格式。

一般自己使用 Navisworks Manage 的时候，将文件保存为 NWF 格式，这样就可以保证 Navisworks 里面的模型和外部的模型连接通畅。如果需要递交给外部的时候，就需要将文件保存为 NWD 格式，连同 Navisworks Freedom 版本一起递交。

本章所说的 Navisworks，在没有特别说明的情况下，都是指 Navisworks Manage 版本。

5.1.1 Navisworks：一个非常人性化的软件

Navisworks 是一个非常人性化的软件，特别是在流程工厂的设计中，因为它的多元性，轻量化，简单的批注功能，并能将不同软件制作的模型放在一个平台进行碰撞检查，可以说是我们建模规划工作中一个必不可少的工具。在使用 Navisworks 之前，先来看看它有哪些主要的功能。

（1）碰撞检查

在流程工厂设计上，Navisworks 最为常用的功能就是碰撞检查了。前面介绍 Plant 3D 操作的

时候，要多使用参照功能，这就存在着不同的 DWG 文件，设备和设备之间，还有管廊和管道之间是否有干涉，是否有碰撞这样的隐患发生，通过 Plant 3D 可以检查出来，但是 Navisworks 的 Clash Detectve 功能（图 5-1）可以让我们更简单更迅速地发现问题（图 5-2）。

图 5-1　Clash Detectve

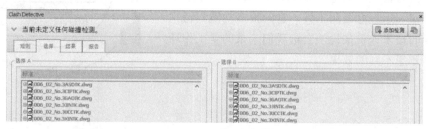

图 5-2　碰撞检查

（2）批注工具

Navisworks 有保存视点的功能（图 5-3），可以直接在模型上进行云线批注和留言，这对我们在模型展示途中的记录和交流将会有很大的帮助。通过对所有视点的保存，我们在会议结束时可以立刻发布视点报告，就如同会议纪要那样，能让我们每个参会人员得到一个统一的理解，以保证大家沟通顺畅。

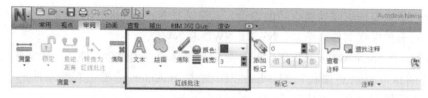

图 5-3　批注工具

（3）测量工具

添加到 Navisworks 上的模型，可以直接对其进行测量（图 5-4）。模型之间的距离、角度和面积均可以测量。

（4）发布和共享

　　AutoCAD、Inventor 等不同的软件制作的模型，都可以添加到 Navisworks 里保存为一个 NWD 格式的文件，并可以递交给其他部门或者外部（图 5-5）。对方可以通过免费的 Navisworks Freedom 版本打开和确认。在发布 NWD 文件的时候，还可以设置密码和限制浏览日期，对文件起到很好的保护作用（图 5-6）。

　　（5）支持 60 种以上的文件格式

　　Navisworks 对应着 60 种以上的文件格式，各种各样的建模文件都可以直接添加到 Navisworks 里面，在一个平台的状态下进行查阅和确认。这方便我们协调不同格式的软件。

　　（6）返回功能

　　使用 Navisworks 对模型进行浏览的时候，我们无法直接在

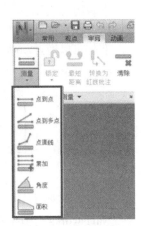

图 5-4　测量

Navisworks 上对模型进行修改，这个时候可以直接右键点击模型使用返回功能（图 5-7），它会迅速将我们所选定的模型返回到源文件上，我们在源文件上进行修改，保存后，直接刷新 Navisworks 就可以将修改的结果反映到模型上。这是一个很方便的功能，Inventor 和 Plant 3D 的文件都可以使用这个功能（图 5-8）。

图 5-5　发布 NWD 文件

图 5-6　密码和日期设定

图 5-7　返回功能（1）

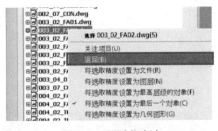

图 5-8　返回功能（2）

　　（7）项目进度安排

　　Navisworks 可以根据进度进行工程计划表的制作，并且能对应 Microsoft 的 Project 软件格式，可以直接读取和利用（图 5-9）。

图 5-9　制作工程计划表

（8）创建三维动画

我们可以通过动画功能（图 5-10），对模型进行动画的录制（图 5-11）。

图 5-10　动画功能

（9）高画质照片的制作

Navisworks 有渲染和导出图片的功能（图 5-12），经过渲染后的模型，可以导出为 png、jpg 或者 bmp 格式的图片。

图 5-11　动画录制

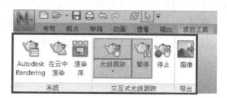

图 5-12　导出图像

（10）云渲染

在 Navisworks 中，我们可以使用 AUTODESK RENDERING 功能，对模型进行云端渲染（图 5-13）。我们通过 AUTODESK RENDERING，借助云端上计算能力强大的计算机对图像进行高质量的渲染，无须自己购买昂贵的计算机。此功能需要有自己的 AUTODESK ID。在云端渲染后的图片，将以邮件的形式发送过来（图 5-14）。

图 5-13　在云中渲染

图 5-14　AUTODESK RENDERING

以上就是 Navisworks 的一些主要功能。当然 Navisworks 还有很多其他功能。在实际使用当中，根据自己的工作需要通过帮助功能确认即可，在这里就不一一叙述了。

5.1.2　Navisworks：线上远程办公的好工具

Navisworks 的文件格式将会让模型变得轻量化，使我们在一般的笔记本电脑上也能流畅演示大型复杂的三维模型，并且没有操作沉重的感觉。再加上它的批注和测量功能，将会大大方便我们在视频会议和远程办公上的沟通，对提高工作效率有很大的帮助。

视频会议和远程办公，毕竟没有面对面的沟通和交流那样的方便，这就要求我们不但在软件上下功夫，还要在硬件上给予一定的改善。

如果能实现如图 5-15 所示的"两脑三屏"工作环境，将会提高我们的工作效率。

图 5-15 是一个示意图，中间的屏幕是网络会议的时候，投影给参会人员电脑上的屏幕，主要是 Navisworks 的画面，大家在会议中如果有什么需要修改的地方，就可以使用返回功能迅速地在自己的电脑上进行修改，保存和刷新后，就能立刻反映到 Navisworks 的画面上。左手边再放一台笔记本，利用它进行表格计算或者会议中的一些关键词的检索等，这样就不会中断我们 Navisworks 画面的投影。

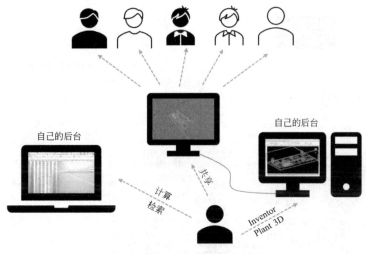

图 5-15　两脑三屏

在流程工厂设计中，Navisworks 将会给我们带来非常高效的工作环境。特别是 Navisworks 的 SWITCHBACK（返回）功能，可以让我们方便且迅速地找到 Plant 3D 或者 Inventor 源文件上的模型，并将视图方向完全同步过来，非常方便我们确认和修改源文件模型。希望能通过这一章的介绍，让大家对 Navisworks 有所了解，并活用到自己的工作中。

5.2　Navisworks 在流程工厂上的基本操作

前面将 Navisworks 的主要功能讲解了一下。下面通过实际例子来介绍流程工厂是怎样利用 Navisworks 来工作的。

5.2.1　添加 Plant 3D 文件

首先打开 Navisworks，通过附加功能将模型的文件添加进来（图 5-16）。点击"附加"，找到自己电脑中文件夹的位置。根据文件的种类，如果是 Inventor 的文件，就选择 Inventor（*.ipt, *.iam, *.ipj），如果需要添加 AutoCAD 文件，就需要选择 Autodesk DWG/DXF（*.dwg,*.dxf），这样就可以看到文件夹里面对应的文件了（图 5-17）。这样我们就顺利地将文件添加了进来（图 5-18）。

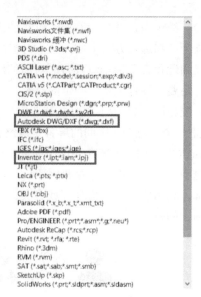

图 5-16　附加文件

图 5-17　文件种类的选择

在这里，如果将背景设定为"地平线"的话，能方便我们区分出"天"和"地"（图 5-19）。

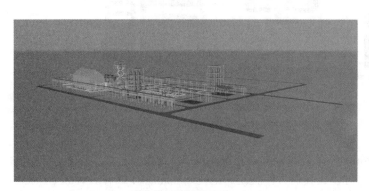

图 5-18　文件添加完成

图 5-19　背景设定

为防止设定丢失，以 NWD 的格式先将文件保存一下。

5.2.2　模型展示

通过 Navisworks 进行模型展示，三维模型不仅变得轻便，Navisworks 的云线标注功能也非常方便我们的工作。模型展示具体的操作步骤演示如下。

（1）保存视点

将上一节保存的文件打开，在"视点"的地方，我们能看到"保存视点"的按钮（图 5-20）。

例如，在视频会议中，大家都在看你的 Navisworks 画面，如果需要对某个三维模型进行修改，或者在某个地方需要添加模型，你可以迅速使用保存视点功能，将当前的视点给保存下来。

当点击"保存视点"之后，在画面的最右边，将会出现"保存的视点"工具栏（图 5-21），我们保存的所有视点都会反映到这里。为便于区分，建议给每个视点修改一个自己容易理解的名字。

图 5-20　保存视点按钮

图 5-21　保存的视点

（2）添加云线

在"审阅"的地方，我们能够看到"绘图"按钮（图 5-22），点击"绘图"按钮，我们会看到除了云线以外，椭圆、线和箭头也都可以很方便地添加到模型上（图 5-23）。

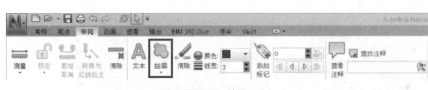

图 5-22　绘图

图 5-23　绘图下拉菜单

（3）添加标记

除了添加云线之外，我们也可以添加标记，或者用文本功能直接在画面上添加文字（图 5-24）。

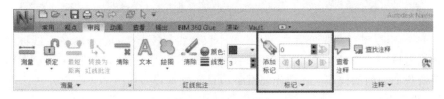

图 5-24　添加标记和文本

添加的标记，可以通过查看注释来确认和修改。

（4）视点报告

所有的视点和文本注释添加完之后，就可以在输出的地方，点击"视点报告"，将所有的视点汇总成一份文件输出出来（图 5-25）。

以上就是模型展示的基本操作。

图 5-25　视点报告

5.2.3　碰撞检查

在流程工厂设计中，一个很重要的工作就是碰撞检查，各种各样的"设备""模型"都集中在一起，难免会发生重叠和干涉。虽然 Plant 3D 和 Inventor 都有检查干涉的功能，但 Navisworks 对碰撞检查有更加详细的设定和操作，并且不同格式的模型和设备都可以放在一起进行碰撞检查，这将大大降低我们的工作量，对提高工作效率有很大的帮助。

下面以管道和管廊为例，将碰撞检查的具体操作详细讲解一下。

（1）添加设备

首先，打开 Navisworks，通过附加按钮，将 Plant 3D 的管廊和管道添加到 Navisworks 里面（图 5-26）。

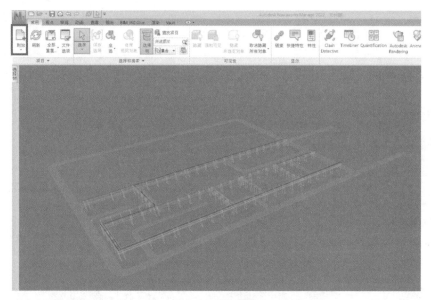

图 5-26　附加模型

（2）查找项目

为了方便我们后面的操作，需要先将准备检查碰撞的设备做成"集合"并保存下来。点击"常用"里面的"查找项目"（图 5-27），弹出"查找项目"窗口（图 5-28）。

首先查找管廊，因为管廊模型的文件名字为架台，按照图 5-29 中所显示的内容进行查找：

① 类别：项目；

② 特性：名称；

③ 条件：包含；

图 5-27　查找项目（1）

④ 值：架台。

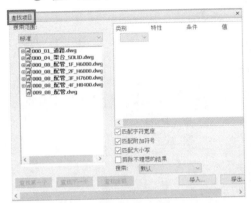

图 5-28　查找项目窗口　　　　　图 5-29　设置查找项目中的相关选项

（3）第一个集合的保存

为了将检索的结果保存下来，进行下面的操作。

点击"常用"里面的"查找项目"（图 5-30），再继续点击"管理集…"（图 5-31），集合的画面将会弹出来，然后继续点击"保存搜索"，这样就可以将前面搜索管廊的结果保存下来（图 5-32）。在这里搜索的结果我们起名为"管廊"。

图 5-30　查找项目（2）

图 5-31　管理集合

（4）第二个集合的保存

同样按照上面的步骤，将所有的管道检索出来，并保存到集合里面（图 5-33）。

图 5-32　保存搜索结果

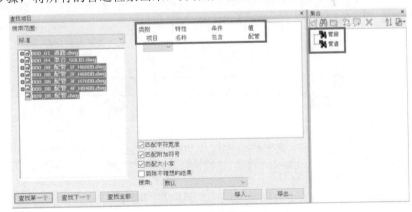

图 5-33　保存管道集合

（5）碰撞检查

到这里需要检查碰撞的模型的前期工作就做好了。点击工具里面的"Clash Detective"（图 5-34），在弹出的对话框中点击"添加检测"（图 5-35）。

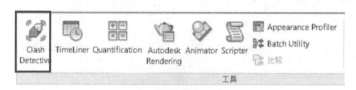

图 5-34　ClashDetective

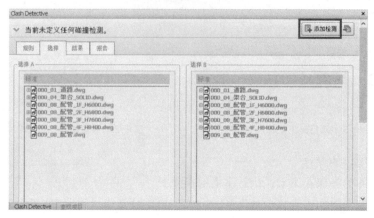

图 5-35　添加检测

首先需要确认一下设置画面，按照画面的显示操作也可以，根据自己的要求，可以修改类型和公差的数值（图 5-36）。

图 5-36　设置画面

然后再看一下选择，在这里我们将选择 A 和选择 B 都切换为集合，选择 A 为管廊，选择 B 为管道（图 5-37）。

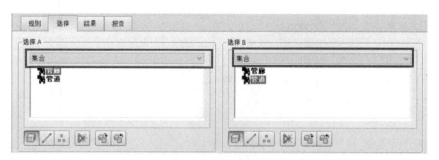

图 5-37　选择管道

到这里，我们就可以点击运行检测，对管廊和管道进行碰撞检查了（图 5-38）。

如果有相互干涉的地方，我们再利用返回功能，对干涉的地方进行修改和保存即可。

在 Autodesk University 2021 的免费数字化大会上，笔者对 Navisworks 在项目规划中的实际操作有一个 50 分钟的演讲，题目为"以 AutoCAD Plant 3D 为中心结合 'Product Design &

Manufacturing Collection'进行流程工厂设计的应用",有兴趣的朋友可以去看一看。

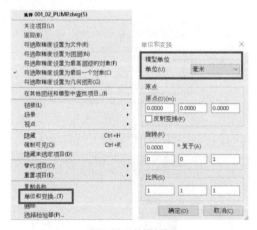

图 5-38　运行检测

5.3　Navisworks 在流程工厂设计上的注意事项

Navisworks 虽然是一个很容易上手和学习的软件,但是有些地方还是需要注意一下,Navisworks 使用时的几个需要注意的地方总结如下。

5.3.1　单位的统一

将不同的模型导入到 Navisworks 之后,有时候会发现大小不成比例。这个时候我们需要去确认一下模型的单位对不对(图 5-39)。

图 5-39　单位变换

5.3.2 方向的统一

所有导入到 Navisworks 里面的模型，都需要有一个统一的方向。AutoCAD 默认的方向是 Z 轴朝上，Inventor 的默认坐标是 X 轴朝上，如果将 AutoCAD 和 Inventor 的模型添加到 Navisworks 里面的话，就需要在 Navisworks 里面对模型的坐标轴进行调整。

在"常用"里面有个"文件选项"，点击打开（图 5-40），然后选择"方向"，就可以看到调整坐标轴的地方（图 5-41）。

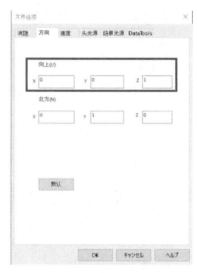

图 5-40　文件选项

图 5-41　方向

在导入到 Navisworks 之前，我们提前在各自的软件上将模型坐标轴的方向调整好，也是一种常用的方法。

5.3.3 原点的调整

导入到 Navisworks 里面的模型，原点不一致的情况也经常出现，需要在 Navisworks 里面对添加进来的模型的原点进行调整（图 5-42）。

图 5-42　原点的调整

5.3.4　Object Enabler 下载安装

我们在使用 Navisworks 浏览 Plant 3D 文件的时候，有一个不得不面对的问题就是 Plant 3D 的一些数据无法显示到 Navisworks 上。

为了解决这个问题，欧特克公司提供了免费的"Autodesk AutoCAD Plant 3D 2022 Object Enabler"下载程序，我们将其下载下来，按安装提示和说明安装到自己的电脑上即可（图 5-43）。

Autodesk AutoCAD Plant 3D 2022 Object Enabler

涵盖的产品和版本 ▾

2021 年 3 月 23 日 | 下载

分享 ⊲　添加到集合 ✦

Autodesk 提供了免费的可下载 Enabler，可用于在不同于对象数据库本机环境的应用程序中访问、显示和操纵这些对象数据。这为使用 Autodesk 软件创建或接收文件的设计团队提供基本的数据可访问性。具体来说，AutoCAD Plant 3D Object Enabler 允许 Navisworks 用户在查看 AutoCAD Plant 3D 模型的同时直接检索特性数据。

Navisworks：打开包含外部参照的图形时，外部参照图形中的 AutoCAD Plant 3D 对象的特性可能不显示。要解决此问题，请先删除外部参照的 NWC 文件，加载 Navisworks 以及打开外部参照 DWG，然后再打开主图形。

英语

　AutoCAD_Plant_3D_2022_Object_Enabler_English_Win_64bit_dlm.sfx.exe (exe - 103 MB)

法语 (Français)

　AutoCAD_Plant_3D_2022_Object_Enabler_French_Win_64bit_dlm.sfx.exe (exe - 103 MB)

德语 (Deutsch)

　AutoCAD_Plant_3D_2022_Object_Enabler_German_Win_64bit_dlm.sfx.exe (exe - 103 MB)

日语 (日本語)

　AutoCAD_Plant_3D_2022_Object_Enabler_Japanese_Win_64bit_dlm.sfx.exe (exe - 103 MB)

朝鲜语 (한국어)

　AutoCAD_Plant_3D_2022_Object_Enabler_Korean_Win_64bit_dlm.sfx.exe (exe - 103 MB)

俄语 (Русский)

　AutoCAD_Plant_3D_2022_Object_Enabler_Russian_Win_64bit_dlm.sfx.exe (exe - 103 MB)

简体中文 (简体中文)

　AutoCAD_Plant_3D_2022_Object_Enabler_Simplified_Chinese_Win_64bit_dlm.sfx.exe (exe - 103 MB)

图 5-43　Object Enabler 下载

图 5-44 和图 5-45 为同一个设备，都是使用 Plant 3D 2022 版本所绘制的。图 5-44 为安装 "Autodesk AutoCAD Plant 3D 2022 Object Enabler"程序之前，在 Navisworks 上所显示的状态，图 5-45 为安装"Autodesk AutoCAD Plant 3D 2022 Object Enabler"之后所显示的状态。

图 5-44　Object Enabler 安装前　　　　　　图 5-45　Object Enabler 安装后

5.3.5　Navisworks Exproters 下载安装

使用 Navisworks Manage 进行碰撞检查的时候，如果发现了问题，我们无法在 Navisworks 上进行修改，只能使用 Navisworks 的返回功能，在 Inventor 上或者 AutoCAD 上进行修改并保存，然后就可以反馈到 Navisworks 上了，这是一个非常方便和高效的功能。

但是这个功能要求我们必须先安装 Navisworks Exproters 这个免费的软件。

进入欧特克的相关网站，找到图 5-46 所示页面，点击图中的 NavisworksExporters2022.exe 进行下载，下载安装后就可以使用返回功能了。

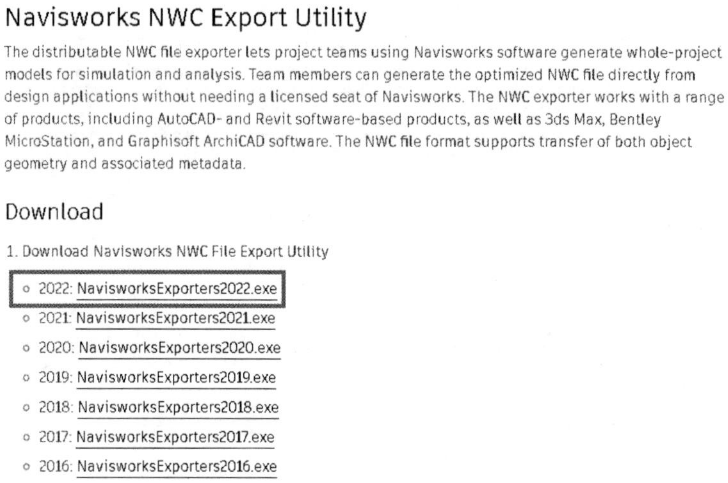

Navisworks NWC Export Utility

The distributable NWC file exporter lets project teams using Navisworks software generate whole-project models for simulation and analysis. Team members can generate the optimized NWC file directly from design applications without needing a licensed seat of Navisworks. The NWC exporter works with a range of products, including AutoCAD- and Revit software-based products, as well as 3ds Max, Bentley MicroStation, and Graphisoft ArchiCAD software. The NWC file format supports transfer of both object geometry and associated metadata.

Download

1. Download Navisworks NWC File Export Utility

- ○ 2022: NavisworksExporters2022.exe
- ○ 2021: NavisworksExporters2021.exe
- ○ 2020: NavisworksExporters2020.exe
- ○ 2019: NavisworksExporters2019.exe
- ○ 2018: NavisworksExporters2018.exe
- ○ 2017: NavisworksExporters2017.exe
- ○ 2016: NavisworksExporters2016.exe

图 5-46　下载 NavisworksExporters2022

第6章

PDMC 软件之间的协作

PDMC 里面的软件，各有各的长处和短处。前面已经详细讲述了几个主要软件的基本操作，如果我们结合自己实际的工作情况，尽量发挥它们的长处，并将软件和软件联合起来一起来工作的话，将会提高我们的工作效率。

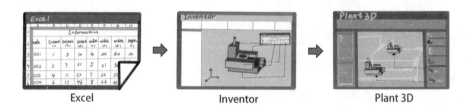

Excel　　　　　　　Inventor　　　　　　　Plant 3D

6.1　图纸集与 Inventor 关联

我们在工作的时候，一般都是按项目来管理图纸的。项目里面再进行文件夹的分类，根据区域、设备类型或者负责人来进行文件的管理是我们经常使用的方法。

图纸集是 Plant 3D（包含 AutoCAD）的标准工具，我们可以通过它将各种 DWG 文件中的布局连接起来，甚至 Inventor 的图纸也能关联起来制作到同一个图纸集当中。本节的主要内容是介绍制作图纸集的方法（图 6-1）。

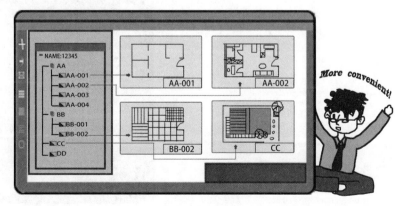

图 6-1　图纸集

177

6.1.1 AutoCAD 图纸集简介

Plant 3D（包含 AutoCAD）给我们提供了一个很好的图纸管理工具图纸集。

打开 Plant 3D，如图 6-2 所示，点击 AP3D 图标，再点击"新建"，就会看到除了新建 DWG 图形以外，就是图纸集了。由此你就能感受到图纸集的重要性了。

我们可以利用图纸集功能，将不同图纸里面的布局空间集合为一个扩展名为 DST 的文件集，也就是说我们只需要打开这个 DST 文件，就可以看到不同的 DWG 图纸里面的布局。是一个非常方便项目管理的工具。

另外，我们安装完 Plant 3D 或者 AutoCAD 后，在自己电脑的 C 盘里面（C:\Program Files\Autodesk\ AutoCAD 2022\Sample\Sheet Sets），能看到 Autodesk 公司给我们准备好的图纸集样本（图 6-3）。

图 6-2　图纸集　　　　　　　　　　　　　图 6-3　图纸集样本

点击 Manufacturing 文件夹，打开之后就会看到 manufacturing sheet set.dst 图纸集文件（图 6-4），双击它，"图纸集管理器"对话窗口将会弹出来（图 6-5）。

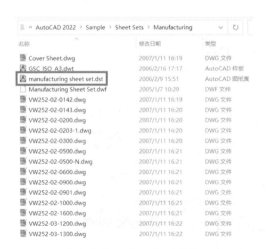

图 6-4　Manufacturing 文件夹　　　　　　　　图 6-5　图纸集管理器

然后任意点击一个文件，如双击 02-Drive Roller Asly Lower 文件（图 6-5），就可以看到 02-Drive Roller Asly Lower 是 VW252-02-0142.dwg 里面的一个布局（图 6-6）。

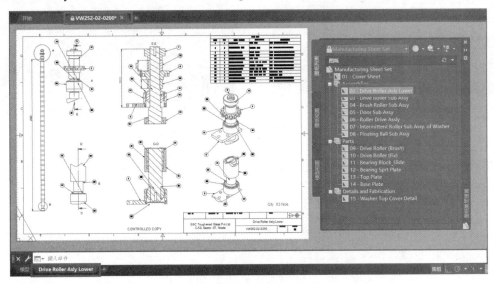

图 6-6　VW252-02-0142.dwg

同样的方式，我们可以试着去双击图纸集管理器里面的其他文件（图 6-7），可以很快知道它是哪个 DWG 文件中的布局。

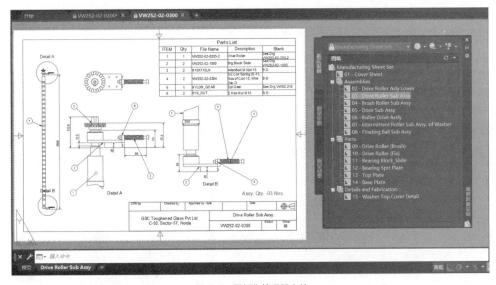

图 6-7　图纸集管理器文件

6.1.2　图纸集基本操作

创建图纸集的一般步骤如下。

步骤 1：打开 Plant 3D，任意新建一个图形，然后点击软件左上面的 AP3D 图标，继续点击"新建"，然后选择"图纸集"（图 6-8）。

AutoCAD 的操作也是一样的（图 6-9），点击左上角的 A 图标之后，选择"新建"，然后点击"图纸集"命令。

图 6-8　打开图纸集

图 6-9　AutoCAD 的图纸集

步骤 2：创建图纸集的对话窗将弹出来之后，选择"现有图形"，然后点击"下一页"（图 6-10）。

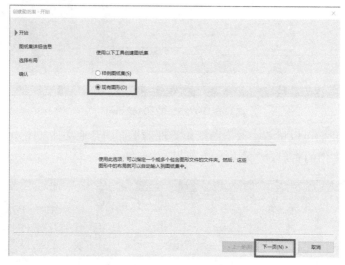

图 6-10　现有图形

步骤 3：在名称处我们任意填写，这里填写 PDMC 图纸集，另外"在此保存图纸集数据文件"的保存地点也可以根据自己的需要更改，然后点击"下一页"（图 6-11）。

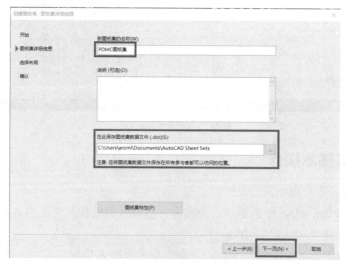

图 6-11　新图纸集的名称

步骤 4：点击"浏览"，选择提前准备好的文件，这个时候 Manufacturing 文件夹里面的 DWG
图纸以及布局都会被自动浏览出来，然后点击"下一页"，点击"完成"，图纸集管理器对话窗
将会弹出来，图纸集就建立完毕了（图 6-12，图 6-13）。

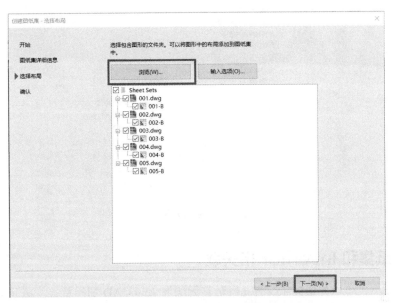

图 6-12　将 DWG 图纸和布局添加到图纸集

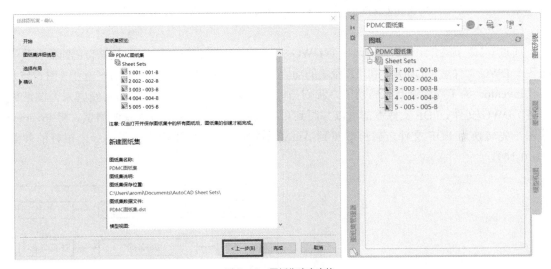

图 6-13　图纸集建立完毕

在这里，右键点击"PDMC 图纸集"，就可以非常简单地将所有图纸汇总为一个 PDF 文件
进行发布（图 6-14）。

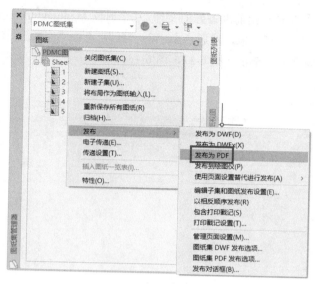

图 6-14　发布为 PDF

6.1.3　图纸集和 Inventor 相关联

Inventor 虽然也可以生成图纸文件，但是它无法像 AutoCAD 那样直接生成带有布局的图纸让我们在图纸集中使用，所以我们需要通过 AutoCAD 的参照功能，将 Inventor 的图纸和布局关联起来，这样就可以在 AutoCAD 的图纸集中对 Inventor 的图纸进行整合了。

（1）基本思路

通过 6.1.2 节的介绍我们知道，一个 DWG 文件可以生成很多布局文件，根据自己的需要我们将各个 DWG 文件里面的布局，利用图纸集的功能汇总之后，就可以将它们关联在一起了（图 6-15）。

Inventor 的工程图没有布局功能，我们需要将它通过参照功能放入到布局空间来为图纸集服务。DWG 文件、PDF 文件等都可以参照到布局空间里面，但是经过大量的测试，将 Inventor 的图纸先转换为 PDF 文件之后再参照到 AutoCAD 文件的布局里面将会得到一个很好的效果（图 6-16）。

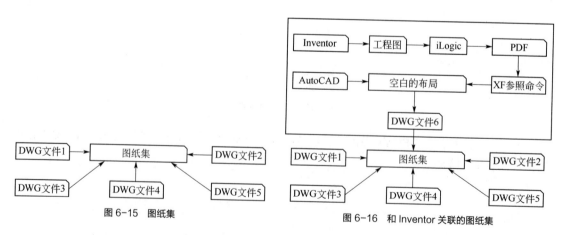

图 6-15　图纸集

图 6-16　和 Inventor 关联的图纸集

（2）Inventor 中 PDF 文件的生成

利用 Inventor 的标准功能，可以很容易生成工程图。另外，Inventor 本身也有多种方法可以将工程图转为 PDF 文件，在这里介绍一个通过 iLogic 功能，能够快速将工程图转换为 PDF 文件的方法。

使用 iLogic 功能来生成 PDF 文件的一个最大的好处就是，它可以将生成的 PDF 文件固定到我们设定好的文件夹里，而不会因为工程图的不同而改变地址。这将大大方便我们下一步的文件参照工作，不会因为参照源文件地址的更改而不得不重新设定和更改地址。

在第 4 章里，已经介绍了怎样使用和操作 Inventor 中的 iLogic 功能，在这里就不再重述了。将 Inventor 的工程图生成 PDF 文件的代码如下，将它复制粘贴到 iLogic 的规则当中就可以使用了。

在这里需要注意灰色的地方，在代码使用之前，要将灰色部分设定为自己电脑里的一个文件夹地址。当前这个灰色部分表示将 PDF 文件保存到了 D 盘里面的一个名为 PDF 的文件夹里。

```
WorkspacePath = ThisDoc.WorkspacePath()
WorkspacePathLength = Len(WorkspacePath)
PathOnly = ThisDoc.Path
DirectoryPath = Strings.Right(PathOnly, PathOnly.Length - WorkspacePathLength)
PDFPath = "D:\PDF\" & DirectoryPath
If (Not System.IO.Directory.Exists(PDFPath)) Then
    System.IO.Directory.CreateDirectory(PDFPath)
End If
ThisDoc.Document.SaveAs(PDFPath & "\" & ThisDoc.FileName(False) & ".pdf" , True)
```

打个比方，你想将 PDF 文件保存到 C 盘，Document 文件夹中 001 文件夹里面的话，就可以对上面的灰色部分做如下修改。

```
PDFPath = "C:\Document\001\" & DirectoryPath
```

（3）AutoCAD 空白模板的创建

另外，我们还有一个需要设定的地方就是提前制作好一个空白的 DWT 文件模板，这个模板需要放到以下位置：

```
AutoCAD:
C:\Users\自己的用户名\AppData\Local\Autodesk\AutoCAD
2022\R24.1\chs\Template
```

```
AutoCAD Plant 3D:
C:\Users\自己的用户名\AppData\Local\Autodesk\Autodesk AutoCAD Plant 3D 2022\
R24.1\chs\Template
```

将 DWT 文件放入到 Template 文件夹之后，启动 AutoCAD Plant 3D 2022 或者 AutoCAD 2022，新建一个文件，在左下角的布局地方右键点击，选择"从样板"（图 6-17）。

然后选择我们刚才保存的 DWT 文件，点击打开（图 6-18）。

图 6-17 选择从样板 图 6-18 打开样板文件

这样一个空白的布局文件就做好了（图 6-19），印刷尺寸为 A3。

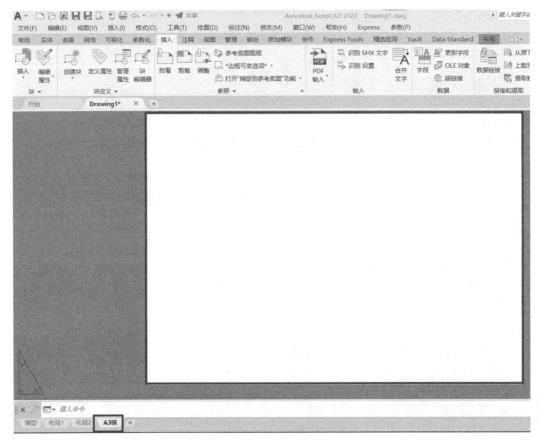

图 6-19 空白的布局文件

（4）XF 参照功能

在键盘输入 XF 命令按回车键之后，外部参照面板将会弹出来（图 6-20），然后点击左上角的三角形图标后，继续点击"附着 PDF"。

选择文件的对话窗口弹出来之后，选择用 Inventor 制作好的 PDF 文件，点击打开后，附着 PDF 参考底图对话窗口会弹出来（图 6-21），在这里我们需要注意两点：第一，插入点选择"在屏幕上指定"；第二，比例为 25.4。然后点击"确定"。

图 6-20　附着 PDF

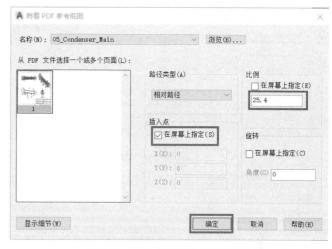

图 6-21　附着 PDF 参考底图对话窗口

这样我们就可以将 Inventor 的图纸和 AutoCAD 的布局关联起来（图 6-22），以服务于图纸集的操作了。

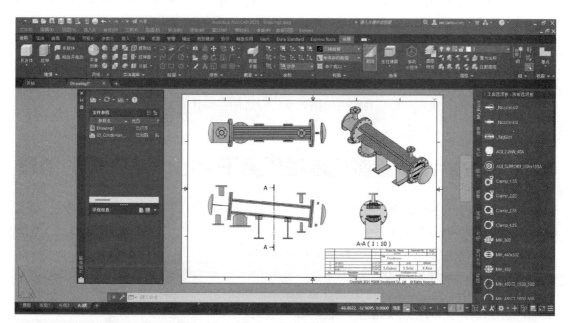

图 6-22　关联后的 Inventor 图纸和 AutoCAD 布局

（5）Inventor 中 iLogic 自动化的设定

最后，返回到 Inventor。在 Inventor 的管理选项卡里，可以找到事件触发器，点击打开事件触发器对话窗口（图 6-23），左键一直按住转换 PDF 这个 iLogic 规则，拖拽它到右边，如保存文档后的下面，然后点击"确定"（图 6-24）。这样就可以实现 PDF 文档的自动更新了。

图 6-23　事件触发器

图 6-24　拖拽到保存文档后下方

也就是说，当我们在 Inventor 上对模型和工程图进行修改，保存后直接关闭 Inventor 的文档即可。在关闭文件的同时，事件触发器将会驱动规则来自动更新 PDF 文件，并将最终反映到我们 AutoCAD 的图纸集中，对提高我们的办公效率以及减少忘记图纸更新这样的失误，将会有很大的帮助。

以上，我们就完成了 Inventor 的图纸和 AutoCAD 图纸集的关联工作。虽然看起来有点烦琐，但是相信大家实际操作一下就可以体验到，它让我们实现了 AutoCAD 和 Inventor 这两款不同的软件来共享一个图纸集，对提高我们的出图效率、办公的自动化有着非常大的好处。

6.2　Inventor 参数化建模服务于 Plant 3D 库的创建

用 Plant 3D 自身的功能是完全可以建立元件库和等级库的，但是在很多时候并不能完全满足我们的要求。在这里，主要讲解一下怎样利用 Inventor 和 Excel，来辅助我们对 Plant 3D 进行元件库和等级库的创建。

本节将和大家一起，通过一个玻璃视镜实际案例的操作，详细讲解怎样让 Inventor 来服务于 Plant 3D（图 6-25）。

本节的具体操作步骤总结如下：

① 建立 Excel 表格。将 Plant 3D 里面想要显示的模型的参数都总结到这里。

② fx 参数。通过 ilogic 将参数自动添加到 Inventor

图 6-25　玻璃视镜

里面。

③ 草图和建模。在 Inventor 上进行模型制作。

④ 添加多值文本。

⑤ 创建 iLogic 和表单。

⑥ DWG 图纸生成。

⑦ 块和端点。

⑧ 元件库和等级库。

⑨ 添加到 Plant 3D 项目中。

6.2.1 Excel 表格

为了方便我们的工作，推荐大家使用 Excel 来配合自己建模。本书在很多场合都使用了 Excel 文件，我们可以充分利用 Excel 的功能来提高自己的工作效率。

有很多和 Excel 相似的表格软件，但是它们和欧特克产品并不能很好地兼容，在使用的过程中，和欧特克产品连接的时候会出现一些问题，这里建议使用 Microsoft 公司的 Excel 表格软件。

首先将自己建模所需要的数据整理到 Excel 表格里面。例如我们需要建 5 个规格为 DN25、DN40、DN50、DN65、DN80 的元件，将建模所需要的基本数据，总长度、法兰内外径、玻璃视镜的数据、螺栓孔的尺寸等都总结到这个表格里（图 6-26）。

DN	总长度	直管厚度	直管内径	法兰内径	法兰外径	法兰厚度	玻璃夹板内径	玻璃夹板外径	玻璃夹板厚度	玻璃视镜间距	玻璃视镜厚度	螺栓孔中心径	螺栓孔直径	螺栓孔角度	螺栓孔数量
DN25	80	2.8	28.1	33.7	115	16	28.1	44.1	12	60	8	90	19	45	4
DN40	100	2.8	42.7	48.3	150	16	42.7	58.7	12	80	8	105	19	45	4
DN50	120	2.8	54.7	60.3	165	18	54.7	70.7	12	100	8	120	19	45	4
DN65	140	3	70.1	76.1	185	18	70.1	86.1	12	120	8	140	19	45	4
DN80	160	3	82.9	88.9	200	20	82.9	98.9	12	140	8	150	19	22.5	8

图 6-26　规格整理

新建一个文件夹，起名字为 SightGlass，然后将 Excel 表格起名为 SightGlasses.xlsx 保存到这个文件夹里面。

然后将图 6-27 红色框中的数据复制出来，重新打开一个表格文件，选择 A1，将上面复制的数据，通过选择性粘贴里面的“转置”命令，粘贴到新的表格文件里面（图 6-28）。A 列为参数名称，B 列为参数数据（图 6-29），C 列里面需要填写数据的单位，如果单位为 mm，可以省略不写，螺栓孔角度的单位为 deg，螺栓孔数量的单位为 ul，这两个需要添加进去（图 6-30）。

DN	总长度	直管厚度	直管内径	法兰内径	法兰外径	法兰厚度	玻璃夹板内径	玻璃夹板外径	玻璃夹板厚度	玻璃视镜间距	玻璃视镜厚度	螺栓孔中心径	螺栓孔直径	螺栓孔角度	螺栓孔数量
DN25	80	2.8	28.1	33.7	115	16	28.1	44.1	12	60	8	90	19	45	4
DN40	100	2.8	42.7	48.3	150	16	42.7	58.7	12	80	8	105	19	45	4
DN50	120	2.8	54.7	60.3	165	18	54.7	70.7	12	100	8	120	19	45	4
DN65	140	3	70.1	76.1	185	18	70.1	86.1	12	120	8	140	19	45	4
DN80	160	3	82.9	88.9	200	20	82.9	98.9	12	140	8	150	19	22.5	8

图 6-27　复制数据

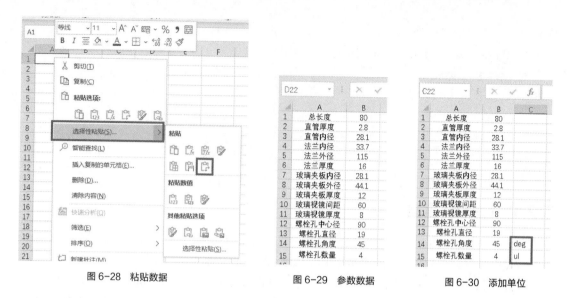

| | | 图 6-28　粘贴数据 | | 图 6-29　参数数据 | | 图 6-30　添加单位 |

填写完毕后，起名称为 fx.xlsx，保存到 SightGlass 文件夹里。

6.2.2　fx 参数

启动 Inventor 后，首先点击新建 SightGlass.ipt，为了能在模型导入到 Plant 3D 的时候不出现方向不一致的问题，在新建 ipt 文件的时候，需要选择 Z 轴朝上的模板，Z 轴朝上的模板怎样制作请参阅第 4 章。

将新建的 SightGlass.ipt 模型文件保存到和 6.2.1 节中制作的表格文件相同的文件夹里（图6-31）。

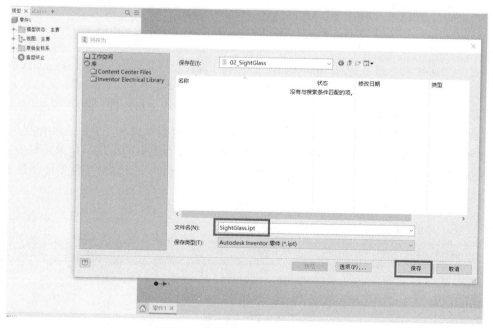

图 6-31　保存 SightGlass.ipt 模型文件

到管理选项卡的参数面板里面，点击"fx 参数"命令（图 6-32）。参数的对话窗口弹出来后，选择画面下方的"链接"（图 6-33）。

图 6-32　*fx* 参数

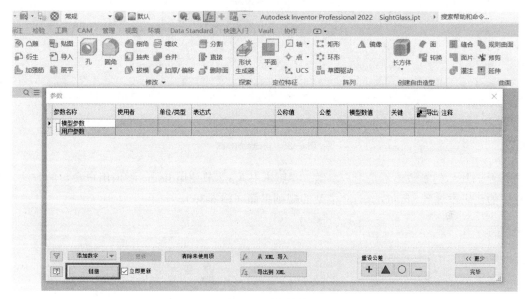

图 6-33　选择链接

找到在 6.2.1 节里制作的 SightGlass 文件夹，选择 fx.xlsx 表格文件（图 6-34）。

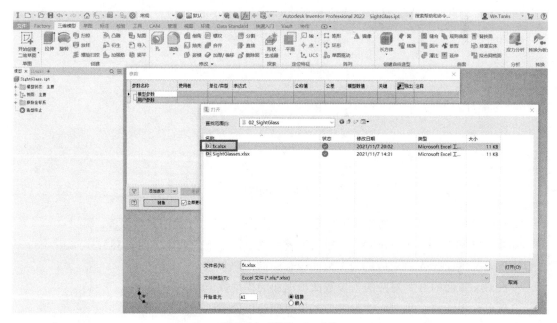

图 6-34　选择 fx.xlsx 文件

fx.xlsx 文件里面的文字和数值将会自动添加到参数对话窗里面（图 6-35）。

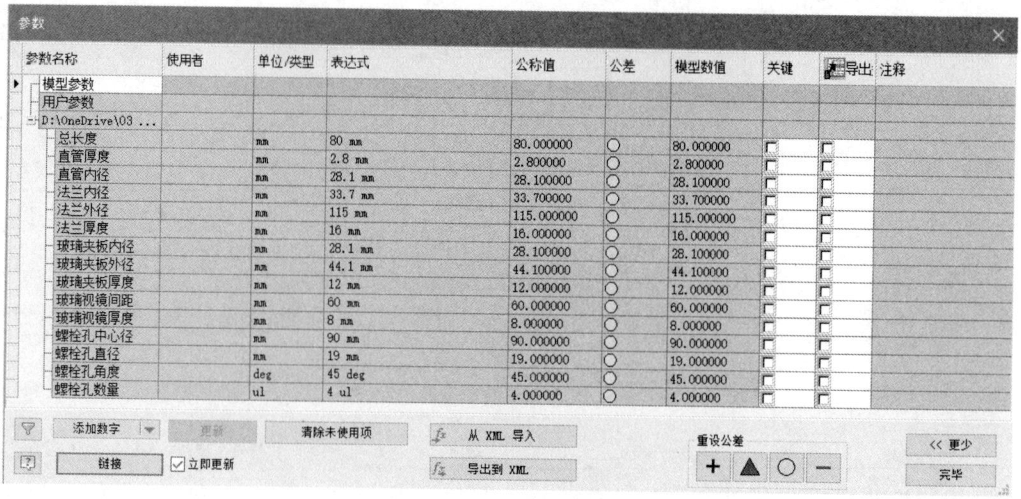

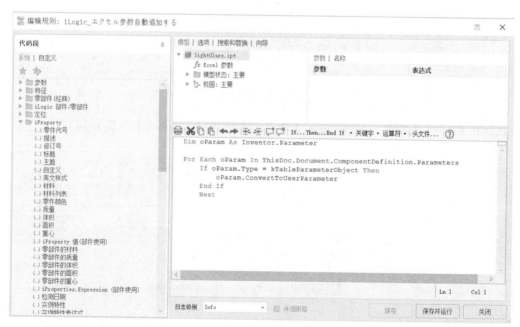

图 6-35　自动添加参数

但是添加后的参数还不是用户参数，参照本书 4.3.2 节使用 ilogic 添加用户参数的方法，将 iLogic 的代码添加到 SightGlass.ipt 模型的规则里面（图 6-36）。

图 6-36　添加规则

如图 6-37 所示，参数全部改为用户参数后，点击"完毕"，关闭参数面板。

将图 6-37 和 fx.xlsx（图 6-30）比较一下就不难发现以下的规律（图 6-38）：

① fx.xlsx 里面的 A 列对应的为参数面板里面的用户参数。

② fx.xlsx 里面的 B 列对应的为参数面板里面的模型数值。

③ fx.xlsx 里面的 C 列对应的为参数面板里面的单位/类型。

④ 参数面板只读取表格文件 A 列、B 列、C 列的文字和数值。

⑤ A 列、B 列、C 列以外竖列的数值，对参数面板没有影响。

⑥ 参数面板只读取 Sheet1 里面的 A 列、B 列和 C 列。

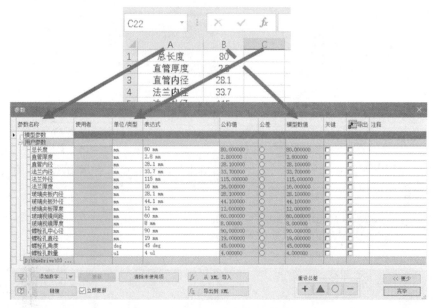

图 6-37 用户参数确认

图 6-38 表格文件和参数的对应关系

掌握了上面的规律，例如在 A 列、B 列、C 列以外的地方添加一些说明图片，或者方便自己理解的笔记等，使我们工作起来更方便。

6.2.3 草图和建模

参数的准备工作做完后，开始建模的工作，当前电脑的状态为 SightGlass.ipt 文件开启的状态，找到"三维模型"选项卡里面的"草图"面板，点击"开始创建二维草图"（图 6-39）。

原始坐标系画面弹出来后，选择 *XY* 平面（图 6-40）。然后选择创建面板中"矩形"里面的"两点中心矩形"（图 6-41）。点击任意的空白处，画一个任意的矩形（图 6-42）。

图 6-39　创建二维草图

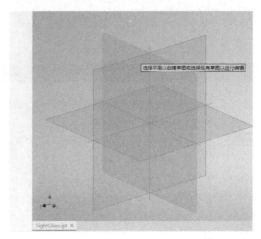

图 6-40　选择 XY 平面

图 6-41　两点中心矩形

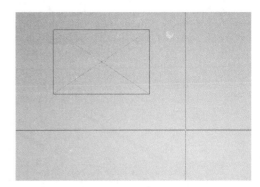

图 6-42　画出矩形

点击约束面板里面的重合约束命令后，先点击矩形的中心点，再点击原点（图 6-43），矩形中心点和原点的重合约束就完成了（图 6-44）。

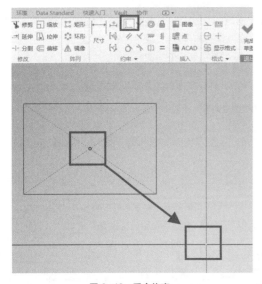

图 6-43　重合约束

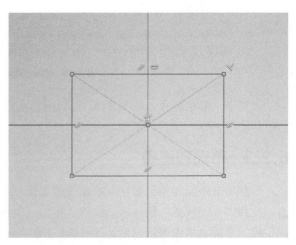

图 6-44　完成矩形中心点和原点的重合约束

　　这个时候有人不禁要问，为什么画矩形的时候，不一开始就直接点击原点创建矩形，而是在空白处创建呢？

　　如果我们直接选择在原点创建，Inventor 有自动添加约束的功能，会根据自己的判断给矩形添加约束。但是有些时候这些约束并不是我们想要的，所以为了避免出现一些不必要的操作，希望大家能养成上面这样的一个习惯。

　　例如原点、线的中点、圆的圆心等，在创建新的草图的时候，尽量避开它们，在一个空白的地方先建立好，然后再去约束。

　　对矩形进行几何约束后，下一步进行尺寸约束。矩形的长度选择 fx 参数的玻璃视镜间距（图 6-45），具体的操作可以参照第 4 章的介绍，在这里就不再详细叙述了。矩形的宽度选择直管内径（图 6-46）。

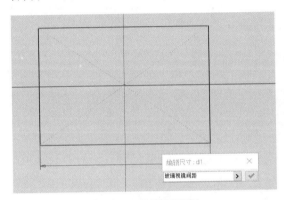

图 6-45　玻璃视镜间距标注

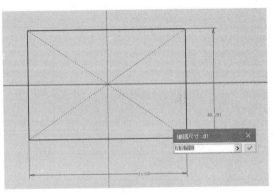

图 6-46　直管内径标注

　　然后继续进行玻璃夹板的绘制。同样的，再次选择"两点中心矩形"，在空白处任意画一矩形（图 6-47）。

　　点击重合约束，将矩形右边线的中点约束到玻璃视镜左边线的中点处（图 6-48）。

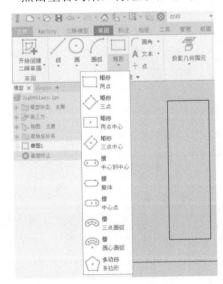

图 6-47　创建矩形

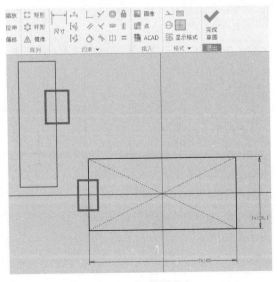

图 6-48　矩形重合约束

因为还没有进行尺寸约束，在完成几何约束的时候，矩形的大小会发生变化，这是没有问题的。

和前面的方法一样，下面进行尺寸约束，矩形的高度尺寸选择为玻璃夹板外径（图6-49），矩形的宽度选择为玻璃夹板厚度（图6-50）。

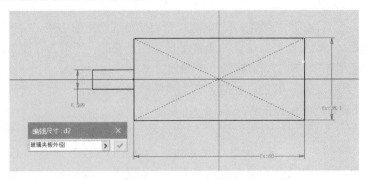

图6-49　玻璃夹板外径尺寸

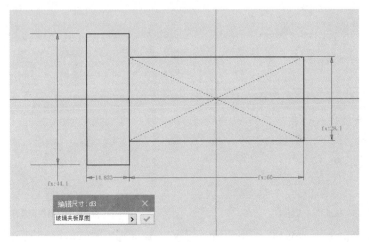

图6-50　玻璃夹板厚度尺寸

如法炮制，反复在空白处创建草图，先进行几何约束，再进行尺寸约束，就可以很快完成玻璃视镜草图的制作（图6-51）。

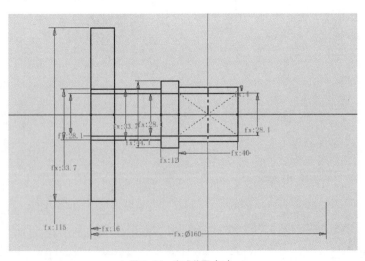

图6-51　完成草图（1）

草图制作完成后，在关闭草图之前确认一下画面的右下角是否显示为全约束（图 6-52），然后再点击"完成草图"命令（图 6-53）。

图 6-52　全约束确认

图 6-53　完成草图（2）

下面利用建立好的草图进行实体建模。

切换到三维模型选项卡，选择创建面板里面的"旋转"命令，轮廓按图 6-54 所示选择粉红色的区域，轴选择"X 轴"，实体名称输入为"法兰"（在 Inventor 2022.2 的版本里面，新增加了实体名称输入的功能），然后点击"确定"。很快法兰的实体就建立完成了（图 6-55）。

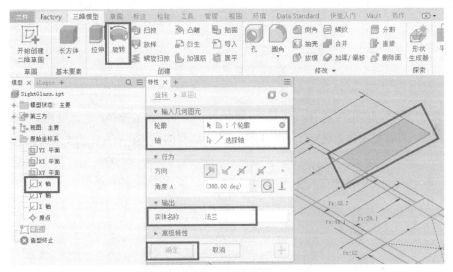

图 6-54　旋转命令

为方便后面的实体创建，我们将自动隐藏了的"草图 1"进行共享。右键点击"草图 1"，选择"共享草图"命令（图 6-56）。

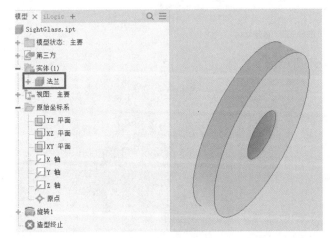

图 6-55　法兰实体

图 6-56　共享草图

为方便后面新建实体的操作，需要将刚才建好的法兰实体进行非可见性操作（图 6-57）。右键点击法兰实体，选择"可见性"后，它前面的对钩将会消失，我们就实现了法兰的非可见性。反之，再重复一遍刚才的操作就会重新实现法兰的可见性。

同样的，重复上面的操作，以 X 轴为旋转轴，新建实体直管（图 6-58）。

图 6-57　非可见性操作

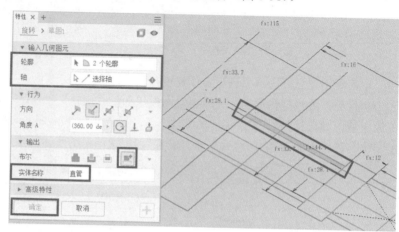

图 6-58　直管实体的创建

这里和法兰实体创建的时候有一点不同，就是多了一个布尔的旋转，在这里我们需要选择"新建实体"。很快，直管的实体就建立了起来（图 6-59）。这样的实体我们称之为"多实体"（图 6-60）。

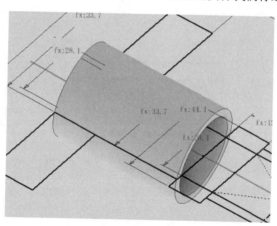

图 6-59　直管实体

如法炮制，很快就可以完成如图 6-61 所示的多实体。

图 6-60　法兰和直管

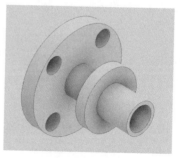

图 6-61　多实体

选择阵列面板里面的"镜像"，以 *YZ* 面为镜像平面对当前制作好的实体进行镜像（图 6-62）。玻璃视镜的模型就建成了（图 6-63）。

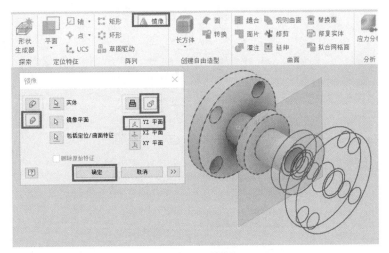

图 6-62　镜像

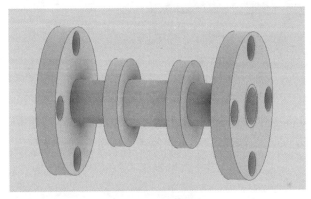

图 6-63　玻璃视镜模型

6.2.4　添加多值文本

上一节我们完成了玻璃视镜的建模，我们需要添加一个多值文本将 6.2.1 节制作的 SightGlasses. xlsx 表格文件与模型关联起来。

到管理选项卡里面的参数面板，点击"*fx* 参数"命令（图 6-64）。打开参数对话窗口后，点击"添加数字"右边的下三角符号，然后选择"添加文本"（图 6-65），在参数名称的地方输入"DN"，然后在"表达式"的空栏处右键点击一下，选择"生成多值"（图 6-66）。

图 6-64　参数命令

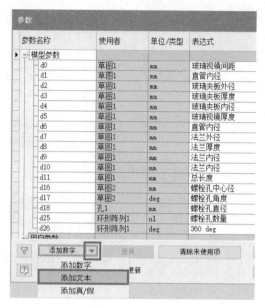

图 6-65　添加文本

图 6-66　生成多值

这个时候值列表编辑器对话窗口将会弹出来，在"添加新项"的地方，输入"DN25，DN40，DN50，DN65，DN80"，点击"添加"，然后再点击"确定"（图 6-67），关闭这个窗口。

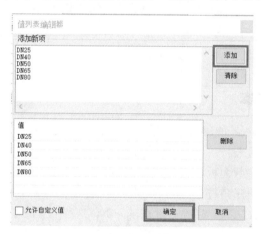

图 6-67　添加新项

以上就完成了多值文本的添加。

这里添加的多值文本，将和 SightGlasses. xlsx 表格文件里面的竖列 A 相呼应，实现模型和表格文件的对接（图 6-68）。

另外，图 6-57 的左下角有一个允许自定义值，如果选择了该功能，我们不但能通过切换表格里面已经设定好的数值来改变模型，还可以不受 SightGlasses. xlsx 的约束，另外输入数值来修改模型。感兴趣的朋友可以试一试。

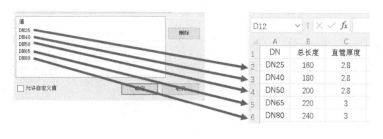

图 6-68　多值文本和表格文件的关系

6.2.5　创建 iLogic 和表单

仅仅添加多值文本，还是不能实现表格文件和模型的结合，我们需要创建一个规则将它们联系起来。

在 SightGlass.ipt 的模型浏览器中，从"模型"切换到"iLogic"，在"规则"面板的空白处右键点击，选择"添加规则"命令（图 6-69）。规则名称的对话窗口将会弹出来，名称可以随意填写，然后点击"确定"（图 6-70）。关闭规则名称的对话窗口后，编辑规则的对话窗口将会弹出来（图 6-71）。

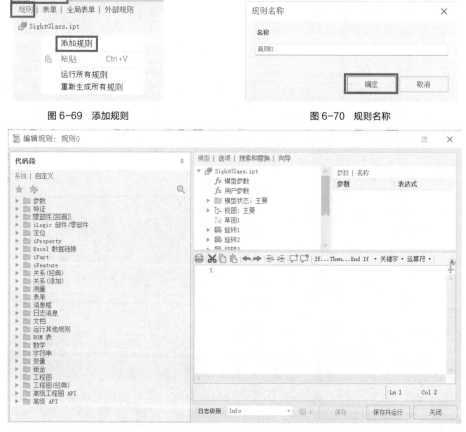

图 6-69　添加规则　　　　　图 6-70　规则名称

图 6-71　编辑规则对话窗口

在图 6-72 所示的空白处，复制粘贴下面的代码，然后点击"保存并运行"。

```
GoExcel.TitleRow = 1
i = GoExcel.FindRow("SightGlasses.xlsx", "Sheet1", "DN", "=", DN)
总长度= GoExcel.CurrentRowValue("总长度")
直管厚度= GoExcel.CurrentRowValue("直管厚度")
直管内径= GoExcel.CurrentRowValue("直管内径")
法兰内径= GoExcel.CurrentRowValue("法兰内径")
法兰外径= GoExcel.CurrentRowValue("法兰外径")
法兰厚度= GoExcel.CurrentRowValue("法兰厚度")
玻璃夹板内径= GoExcel.CurrentRowValue("玻璃夹板内径")
玻璃夹板外径= GoExcel.CurrentRowValue("玻璃夹板外径")
玻璃夹板厚度= GoExcel.CurrentRowValue("玻璃夹板厚度")
玻璃视镜间距= GoExcel.CurrentRowValue("玻璃视镜间距")
玻璃视镜厚度= GoExcel.CurrentRowValue("玻璃视镜厚度")
螺栓孔中心径= GoExcel.CurrentRowValue("螺栓孔中心径")
螺栓孔直径= GoExcel.CurrentRowValue("螺栓孔直径")
螺栓孔角度= GoExcel.CurrentRowValue("螺栓孔角度")
螺栓孔数量= GoExcel.CurrentRowValue("螺栓孔数量")
```

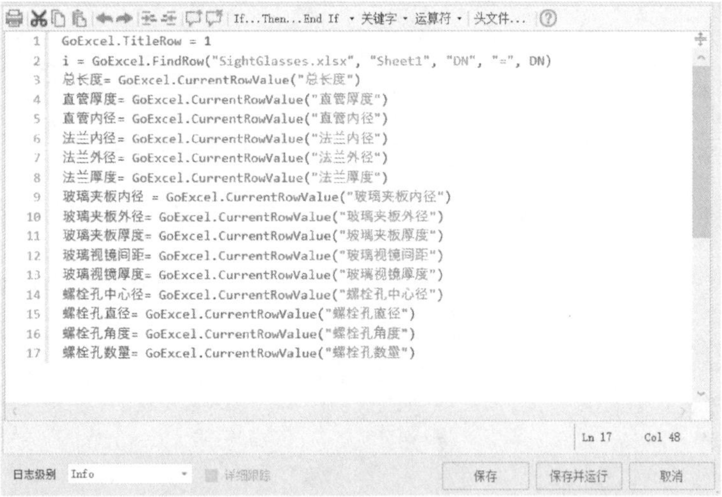

图 6-72　添加代码

如果填写完代码没有问题的话，图 6-72 所示画面关闭的时候，不会有任何的提示。如果代码有问题，将会弹出一个对话窗口，我们需要按照对话窗口的提示检查和修改代码（图 6-73）。

规则添加完毕之后，为方便今后的操作，需要继续创建一个表单。

在模型浏览器中，切换到"表单"，在空白处点击右键，然后选择"添加表单"（图 6-74）。

这个时候，表单编辑器将会弹出来，可以看到在"参数"面板"*fx* 用户"下面，有个"*fx*DN"参数，左键点击并拖动它到"标签"里面（图 6-75）。

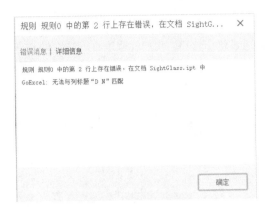

图 6-73　代码错误提示

图 6-74　添加表单

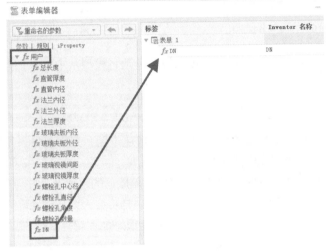

图 6-75　表单编辑器

　　然后，左键点击"fxDN"，在标签里面的"fxDN"处于选择状态的情况下，点击"编辑控件类型"右边的下三角，然后选择"单选组"，再点击"确定"，关闭表单编辑器（图6-76）。

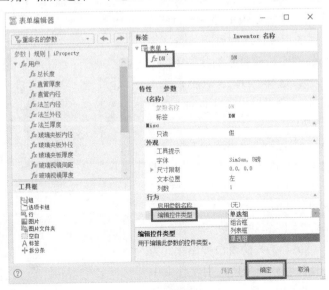

图 6-76　选择单选组

这时候会发现，在模型浏览器的"表单"面板下面，将会生成一个"表单 1"的按钮，点击它（图 6-77）。表单 1 的对话窗口将会弹出来，通过这个窗口，我们就可以将表格文件 SightGlasses.xlsx 和模型 SightGlass.ipt 关联起来（图 6-78）。

图 6-77 表单 1 按钮

图 6-78 表单 1 对话窗口

例如我们点击 DN50 前面的圆点，就可以很简单地将模型从 DN25 切换到 DN50 了，这将会大大提高我们的绘图效率。

> 像这样具有系列化的模型，通过表格文件参数化之后，只需要做一个模型即可，其他的全部都可以通过修改表格里面的参数来实现。
>
> 更重要的是，我们可以利用闲暇时间，比如出差旅途的路程上、开会等人的时候等，打开笔记本电脑先把模型的参数用表格文件整理好，这样将会大大节省我们绘图建模的时间。
>
> 这是一个非常高效的建模工作流，希望大家能很好地理解并掌握它。

6.2.6　DWG 图纸的生成

建完模之后，我们需要将它们转换为 DWG 文件，交给 Plant 3D 使用。这里以模型 DN25 为例，将它转换为 DWG 文件的步骤详细解说一下。

在 Inventor 的 SightGlass.ipt 打开的状态下，我们通过上面的"表单 1"，选择"DN25"，然后点击软件左上角的"文件"，选择"导出"里面的"导出为 DWG"命令（图 6-79）。

这个时候，"DWG 模型文件导出选项"窗口将会弹出来。在保存之前，可以选择版本，如果你的 Plant 3D 版本为低版本，可以在版本的地方选择低版本进行保存。在这里以 Plant 3D 为 2022 版本为前提，直接点击"确定"（图 6-80）。

点击"确定"后，"另存为"的窗口弹出来。为方便管理，我们将文件保存到模型所在的文件夹中（大家按照自己的习惯和实际情况，也可以保存到其

图 6-79 导出为 DWG

他地方），起名为 SightGlass_DN25.dwg，点击"保存"，结束"另存为"窗口（图 6-81）。

图 6-80　DWG 模型文件导出选项

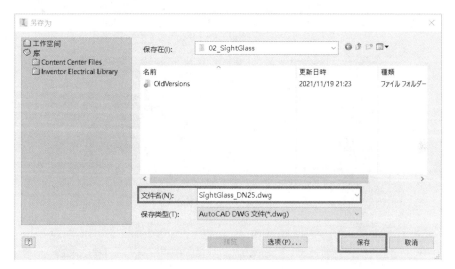

图 6-81　另存为窗口

保存完之后，我们打开保存的文件夹，就可以确认这个 DWG 文件（图 6-82）。

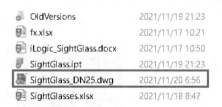

图 6-82　确认保存的 DWG 文件

同理，我们可以将 DN40、DN50、DN65、DN80 都按照这样的方法来保存。

另外，我们还可以通过 iLogic，一次性将所有模型都保存为 DWG 文件，有兴趣的朋友可以自己研究一下。

6.2.7　块和端点的创建

将模型转换为 DWG 文件之后，以 SightGlass_DN25.dwg 为例讲解块和端点的创建。打开 Plant 3D 后（AutoCAD 也可以，操作方法一样），点击首页里面的"打开"（图 6-83）。

图6-83　打开 DWG 文件

　　然后在自己的电脑里找到"SightGlass"这个文件所保存的文件夹，选择"SightGlass_DN25.dwg"文件后点击"打开"（图6-84）。

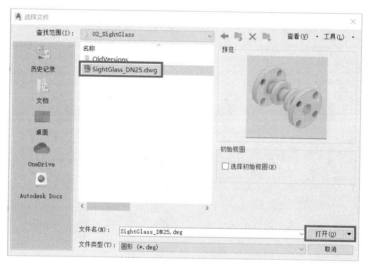

图6-84　打开 SightGlass_DN25.dwg 文件

　　打开 SightGlass_DN25.dwg 文件后，将视觉样式改为"概念"，将方向改为"西南等轴测"，这个时候我们就会发现坐标轴为 Z 轴朝上，和我们在 Inventor 建模时候的方向是一致的（设定请参阅第4章的介绍）（图6-85）。

　　下面需要将这个模型转换为块，在转换之前，要注意以下几点（图6-86）：

　　① 查看一下，是否在 0 图层；

　　② 默认的颜色为 ByLayer，需要改为 ByBolck；

　　③ 默认的材质为 ByLayer，需要改为 ByBolck。

　　以上三点很重要，如果将块建立到了其他图层，在使用过程中会出现错误，如果颜色和材质为 ByLayer，建立好的模型

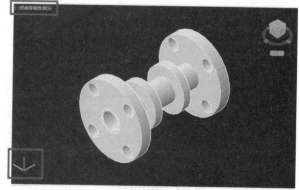

图6-85　视觉样式设定

将无法跟随管道颜色的变化而变化。所以在建立块之前一定要确认好这几点，因为在块建立好

204

之后它们是无法更改的。如果需要更改只能重新建立。

我们确认完上面三点注意事项之后，在"插入"选项卡的"块定义"面板里面，选择"创建块"命令（图 6-87）。

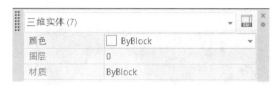

图 6-86　颜色和图层

图 6-87　创建块

块定义对话窗口弹出来之后（或者直接键盘输入"B"按回车键，也可以让块定义对话窗弹出来），在"名称"的地方键盘输入"SightGlass_DN25"（图 6-88），然后点击"拾取点"左边的图标，选择玻璃视镜法兰左边的中点（图 6-89），接着点击"选择对象"左边的图标，将玻璃视镜的模型全部框选出来（图 6-90），最后点击"确定"，完成块的制作。

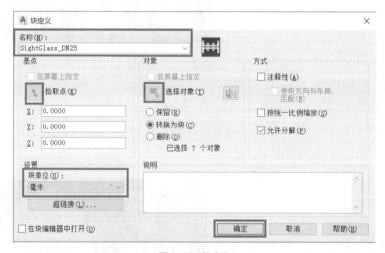

图 6-88　块定义

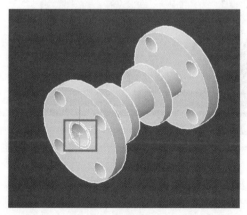

图 6-89　拾取点

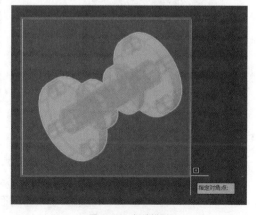

图 6-90　框选模型

在块制作完成点击"确定"之前，块的单位是否为毫米（图 6-88），一定不要忘记确认。单位不统一，将会给后面的工作带来很多麻烦。

块制作完之后，需要给块添加端点。在为块添加端点之前，大家一定要先去确认一下 UCS 坐标是否为世界坐标。需要在世界坐标的状态下添加端点（图 6-91）。

首先键盘输入"PLANTPARTCONVERT"命令按回车键后，会要求我们选择要添加端点的对象物，点击玻璃视镜块，确定后，会出现选择端口操作的对话窗口，点击"添加（A）"（图 6-92）。

图 6-91　世界坐标

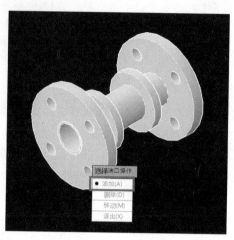

图 6-92　点击添加

在操作下一步之前，需要打开正交功能。点击图 6-92 中正交图标，或者键盘输入 F8 打开正交功能。

点击左边法兰的中心点后，向模型的反方向拉伸（图 6-93）。拉伸的长度为任意长（图 6-94），然后在空白处点击一下完成此操作。

图 6-93　开启正交功能

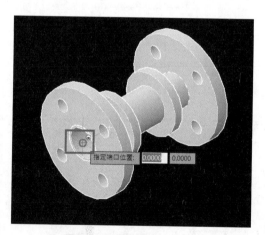

图 6-94　点击左边法兰的中心点

在这里要注意，拉伸的角度一定要和法兰面垂直（这就是要开启正交功能的原因），拉伸的方向一定要是模型的反方向（图 6-95）。

可以看到法兰的中心点处多了一个端点的图标（图 6-96）。点击"接受"，完成第一个端点方向的设定。

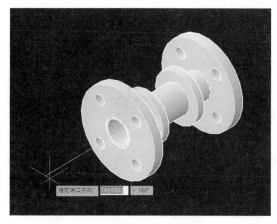

图 6-95　拉伸方向

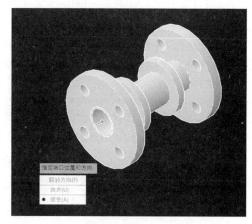

图 6-96　完成端点方向的设定

到此第一个端点就添加成功了。点击"添加"命令，继续添加第二个端点（图 6-97）。

将模型旋转 180°左右，点击另一端法兰的中心点，朝法兰的反方向任意拉伸一段长度（图 6-98），点击"确定"。注意，拉伸的线一定要和法兰面垂直。

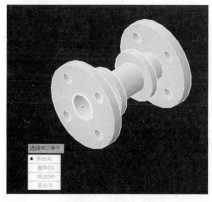

图 6-97　添加第二个端点

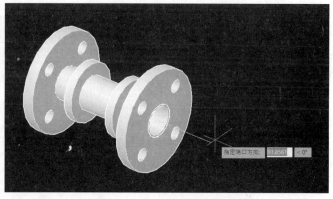

图 6-98　拉伸另一端法兰的中心点

我们会看到，在法兰的中心点处多了一个端点的图标，点击"接受"（图 6-99）。

到此第二个端点也建立完成了。点击"退出"，结束端点添加的操作（图 6-100）。

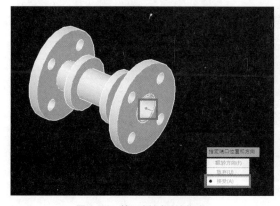

图 6-99　第二个端点建立完成

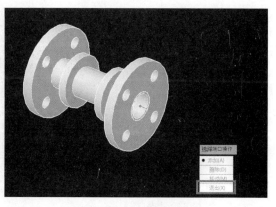

图 6-100　结束端点添加操作

端点设定好之后，在 SightGlass 文件夹里将会自动生成两个文件：

① V2ALVUEF1015.dwg.xml；

② V2ALVUEF1015.dwg_ V2ALVUEF1015.png。

打开 V2ALVUEF1015.dwg.xml 文件，确认是否有创建的这两个点（图 6-101）。

```xml
<?xml version="1.0" encoding="utf-8"?>
<BlockInfoCollection xmlns:xsd="http://www.w3.org/2001/XMLSchema"
xmlns:xsi="http://www.w3.org/2001/XMLSchema-instance">
  <blockInfoList>
    <block>
      <name>SightGlass_DN25</name>
      <portCnt>2</portCnt>
      <imageName>SightGlass_DN25.dwg_SightGlass_DN25.png</imageName>
    </block>
  </blockInfoList>
</BlockInfoCollection>
```

图 6-101　确认端点

6.2.8　元件库里的第一个元件

下面创建元件库里的第一个元件。

在创建之前，需要准备一个元件库文件，利用 Plant 3D 自带的元件库或者自己新建一个空白的元件库。新建空白的元件库比较烦琐，可以到欧特克社区进行下载。

本书已经提前下载并准备好了空白的元件库，并将元件库的名字改为 SightGlass.pcat（名字任意，汉字也可以），为方便管理，将元件库保存到模板所在的文件夹里面。

关闭 Plant 3D，从电脑左下角的"开始"里，找到 AutoCAD Plant 3D 2022 里面的 AutoCAD Plant 3D Spec Editor 2022，点击启动它（图 6-102）。

点击元件库下面的"打开"（图 6-103），然后选择刚才建立的空白元件库 SightGlass.pcat（图 6-104）。

图 6-102　AutoCAD Plant 3D Space Editor 2022

图 6-103　点击元件库的打开

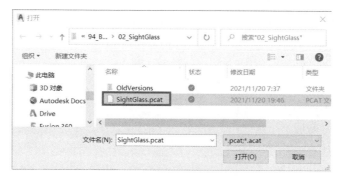

图 6-104　选择 SightGlass.pcat

这个时候，需要到画面右上角，将默认的"等级库编辑器"画面切换到"元件库编辑器"（图 6-105）。然后点击"创建新元件"命令（图 6-106）。

图 6-105　元件库编辑器

图 6-106　创建新元件

"创建新元件"对话窗口弹出来之后（图 6-107），首先需要选择"自定义-基于 AutoCAD DWG 块的图形"，然后再去填写其他的内容。大家注意顺序不能颠倒，一定要先选择"自定义-基于 AutoCAD DWG 块的图形"，如果先填写其他的内容再去选择的话，你会发现你填写的内容被复原为初始状态。

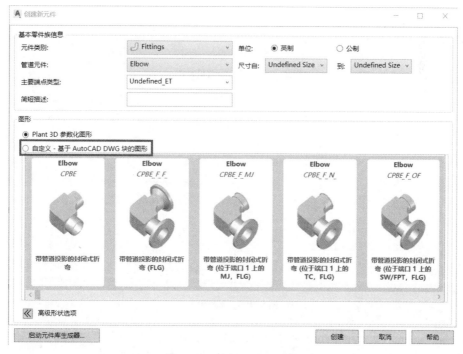

图 6-107　创建新元件对话窗口

在选择"自定义-基于 AutoCAD DWG 块的图形"后，按照下面进行选型和填写：
① 元件类别：选择 Valves；
② 元件：选择 Valve；
③ 简短描述：填写 SightGlass；
④ 主要端点类型：选择 FL；
⑤ 单位：选择公制；
⑥ 尺寸自：选择 25 到 25；
⑦ 连接端口数：2。

填写和选择完毕后，点击"创建"（图 6-108）。将画面切换到"尺寸"后，点击"选择模型"（图 6-109）。

图 6-108　创建新元件信息填写

图 6-109　选择模型

找到 6.2.6 节制作的 SightGlassDN25.dwg 文件，选择后点击"打开"（图 6-110）。"选择块定义"窗口弹出来后，先选择 SightGlass_DN25，然后点击"确定"（图 6-111）。

图 6-110　打开 SightGlassDN25.dwg 文件　　　　　图 6-111　选择块定义

将画面切换到"常规特性"（图 6-112）。在连接端口特性对话框如下填写（图 6-113）：

① 公称点位：选择 Mm；

② 端点类型：选择 FL；

③ 法兰标准：可以不填；

④ 垫圈标准：可以不填；

⑤ 密封面：选择 RF；

⑥ 压力等级：填写 10；

⑦ 壁厚等级：可以不填。

图 6-112　常规特性

图 6-113　连接端口特性（1）

点击"所有端口具有相同的特性"前面的方框，会出现如图 6-114 所示的对话窗口，直接点击"是"。

图 6-114　端口特性的区别

在管道元件特性的地方，按照以下内容来填写（图 6-115）。

① 详细描述（族）：SightGlass；

② 兼容的标准：根据元件的情况来填写，可以不填；

③ 制造商：根据元件的情况来填写，可以不填；

④ 材质：304；

⑤ 材质代码：根据元件的情况来填写，可以不填；

⑥ 简短描述：SightGlass；

⑦ 设计标准：根据元件的情况来填写，可以不填；

⑧ 设计压力系数：根据元件的情况来填写，可以不填；

⑨ 重量单位：根据元件的情况来填写，可以不填；

⑩ 连接端口数：2；

⑪ 阀对齐：根据元件的情况来填写，可以不填；

⑫ 阀详细信息：根据元件的情况来填写，可以不填；

⑬ 阀体类型：可不填；

⑭ 流向相关：False；

⑮ 偏移：False；

⑯ 促动器族名称：这次建的元件没有，不填；

⑰ 操作器类型：这次建的元件没有，不填；

⑱ 促动器类型：这次建的元件没有，不填；

⑲ 控制阀：False；

⑳ Iso 符号类型：VALVE；

㉑ Iso 符号 SKEY：MSQGVFL。

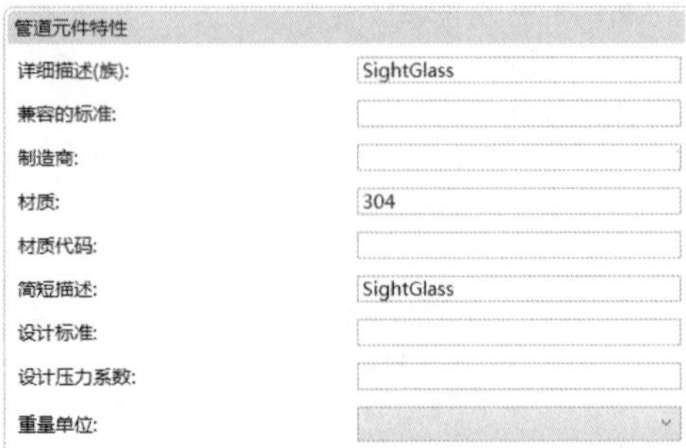

图 6-115　管道元件特性（1）

切换到尺寸这里（图 6-116），在连接端口特性这里，按照下面填写（图 6-117）：

① 所有端口具有相同的特性：前面添加对钩；

② 公称直径：25；

③ 管道外径：33.7；

④ 壁厚度：可以不填；

⑤ 啮合长度：可以不填；

⑥ 法兰厚度：可以不填。

管道元件特性，按照下面填写（图 6-118）：

图 6-116　尺寸数据修改

① 详细描述（尺寸）：DN25；

② 部件代码：可以不填；

③ 重量：可以不填；

④ 长度：可以不填。

全部填写和修改完毕之后，点击"保存到元件库"。

图 6-117　连接端口特性（2）

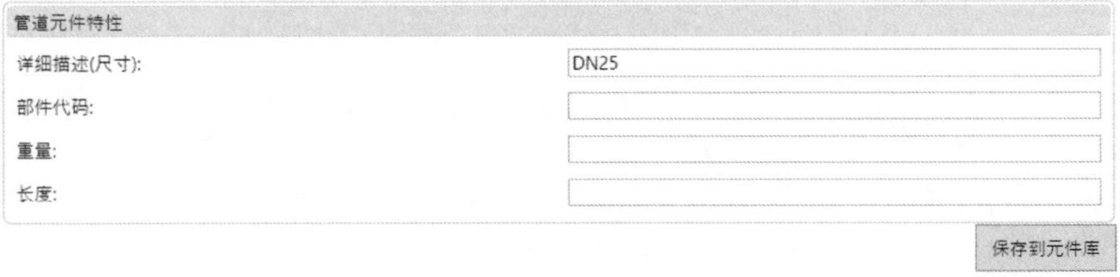

图 6-118　管道元件特性（2）

这样元件库里面的第一个元件 DN25 就做好了。先暂时关闭 AutoCAD Plant 3D Spec Editor 2022。

元件库做好后，C 盘的 AutoCAD Plant 3D 2022 Content 里面的 CatalogSupportFolders 文件夹里面（C:\AutoCAD Plant 3D 2022 Content\CatalogSupportFolders\SightGlass），将会自动生成两个文件夹，如图 6-119 所示。

200 文件夹里面为 png 格式的法兰照片，DWG 文件夹里面为 DWG 文件。

图 6-119　CatalogSupportFolders 文件夹

> 在这里大家需要注意，CatalogSupportFolders 文件夹很重要，路径不要自行改变，需要放到 AutoCAD Plant 3D 2022 Content 这个文件夹的下面。另外，如果你在其他电脑里也想使用这个自制的元件库和等级库的话，你需要将这个文件夹一起复制粘贴过去。

6.2.9 元件库的完成

前面元件库里面的第一个元件我们已经制作好了。其他几个元件 DN40、DN50、DN65、DN80 按照 6.2.8 节所介绍的方法一个一个地制作是没有问题的。这个给大家介绍一个省力的小方法。

在 6.2.8 节的图 6-108 创建新元件信息填写这里，尺寸只选择了自 25 到 25，而不是 25 到 80。这是因为我们在填写完 DN25 所有的数据之后，可以去复制使用它。每一个尺寸里面的常规特性都是一样的，如果我们一个一个地添加，重复填写会使人感到很疲惫，通过同一个库里面复制已经填写好的元件数据来增加新的元件，会让我们省力很多。

打开元件库 SightGlass.pcat，现在里面只有一个元件 DN25，先让 DN25 处于选择的状态，然后点击"复制尺寸"（图 6-120），这时候未定义的一个尺寸将会出现（图 6-121）。

图 6-120　复制尺寸　　　　　　　　　　　　图 6-121　未定义尺寸

然后按照前面叙述的方法，提前做好 DN40 的块模型，并添加进来（图 6-122），再将连接端口特性和管道元件特性填写好（图 6-123）：

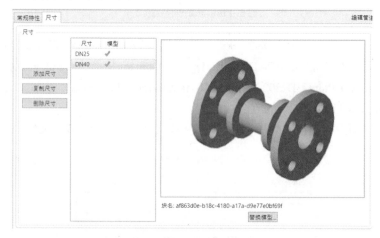

图 6-122　添加块模型

① 所有端口具有相同的特性:前面添加对钩;

② 公称直径:40;

③ 管道外径:48.3;

④ 壁厚度:可以不填;

⑤ 啮合长度:可以不填;

⑥ 法兰厚度:可以不填;

⑦ 详细描述(尺寸):DN40;

⑧ 部件代码:可以不填;

⑨ 重量:可以不填;

⑩ 长度:可以不填。

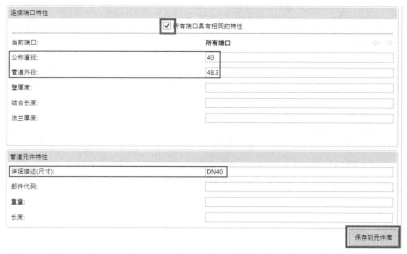

图 6-123　连接端口特性和管道元件特性

最后点击"保存到元件库",就完成了对 DN40 的添加。

这时候,我们会发现,元件库过滤器的尺寸范围会自动修改为"DN25–DN40"(图 6-124)。

我们可以如法炮制将 DN50、DN65 和 DN80 全部添加进来(图 6-125)。

图 6-124　元件库过滤器

图 6-125　DN50、DN65、DN80 添加完后的元件库过滤器

除了上面介绍的制作元件库的基本操作方法以外,还可以通过 Excel 表格文件的导出导入来制作元件库。有兴趣的朋友可以自行研究一下。

6.2.10　等级库的修改

元件库制作完成之后，需要将它添加到等级库里面。这里以软件自带的等级库 10HS01 为例，讲解将自制的元件添加到等级库的操作方法。

Plant 3D 新建一个项目之后，会自动生成等级库工作表文件夹（图 6-126）。

打开等级库工作表，会看到 Plant 3D 已经为我们准备了很多的等级库。找到 10HS01.pspc 等级库（图 6-127）。

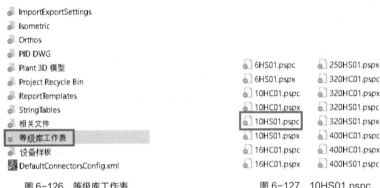

图 6-126　等级库工作表　　　　　　　　　　　图 6-127　10HS01.pspc

启动 AutoCAD Plant 3D Spec Editor 2022，点击左上角的文件，选择"打开等级库"（图 6-128）。选择 10HS01.pspx 等级库点击"打开"（图 6-129），然后点击画面右边元件库的切换菜单，选择 SightGlass（图 6-130），点击"添加到等级库"，元件库的 SightGlass 将会添加到 10HS01 等级库里（图 6-131）。

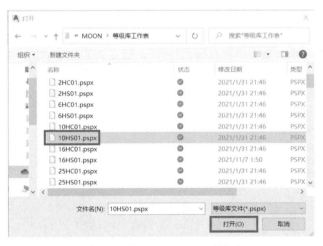

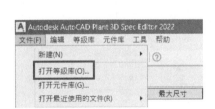

图 6-128　打开等级库　　　　　　　　　　　图 6-129　打开 10HS01.pspx 等级库

图 6-130　选择 SightGlass

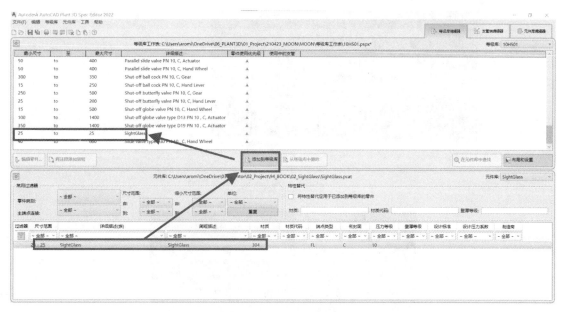

图 6-131　添加到等级库

到这里等级库的修改工作就结束了。

在这里需要注意一个细节，当前状态下 10HS01 的文件名称的右上角有一个*的标志（图 6-132），虽然我们对等级库进行了修改，但是还处于未保存的状态，需要点击左上角的保存命令，直至这个*标志消除，才算真正完成对等级库的修改（图 6-133）。

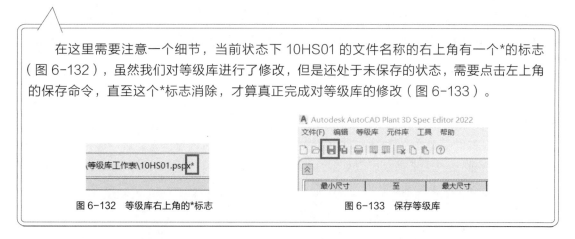

图 6-132　等级库右上角的*标志　　　　　图 6-133　保存等级库

启动 Plant 3D，建立一个 DWG 文件，在常用选项卡里面的零件插入面板，选择 DN25 和 10HS01 等级库之后（图 6-134），很快就可以画出一根 DN25 的管道。然后在工具选项板里面可以看到自己建立的 SightGlass 元件，将它拖到管道上之后，就可以很快安装好（图 6-135）。同样的，将布管面板里面的尺寸修改为 DN40、DN50、DN65 和 DN80 之后，将这些型号的管道和元件都拉出来试一试，看看有没有问题（图 6-136）。

图 6-134　布管设定

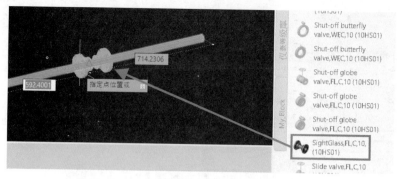

图 6-135　安装元件

图 6-136　测试元件

通过图 6-136 我们可以看到，SightGlass 元件的颜色会随着管道颜色的变化而变化。这就是我们在 6.2.7 节里面，建立块之前，对图层和材料的颜色进行调整了的结果。

6.2.11　Plant 3D 项目中等级库的添加和复制

前面我们是直接打开项目里面的等级库，将元件添加到了等级库里面。项目很多的时候，我们需要将自己的等级库复制或者添加到别的项目里面，这个时候需要打开 Plant 3D，在项目管理器这里我们能看到"管道等级库"文件夹（图 6-137），右键点击它之后，选择"将等级库复制到项目"，然后再去选择自己想复制的等级库（图 6-138），点击"打开"。这样就可以将别的项目里面的等级库复制到现在的项目里面了。

图 6-137　管道等级库

图 6-138　选择等级库

如果这个项目里面已经有了你想复制的等级库，只需要版本更新，这个时候也可以直接打开自己电脑项目里面的等级库工作表文件夹，将等级库直接复制粘贴进去，刷新即可。

6.3　Fusion 360 的 3D 打印

3D 打印已经越来越普及，也出现了很多普通家庭都能承受的机型。我们设备建模完，有时候需要去试做一个看看它的立体效果，这个时候使用 3D 打印机来验证是一个很好的选择。

PDMC 里面，AutoCAD（图 6-139）、Inventor（图 6-140）和 Fusion 360（图 6-141）都具有 3D 打印的功能。

图 6-139　AutoCAD 的 3D 打印

图 6-140　Inventor 的 3D 打印

经过各种尝试，推荐大家使用 Fusion 360 进行打印。它能输出比较好的 STL 格式文件，而且操作也很简单。

Autodesk Fusion 360 是一个以云平台为主的三维软件，它不但能在 Windows 系统的电脑上运行，在 MAC 上也能运行。Fusion 360 不但有教育版本，还有免费的个人版本可以申请（图 6-142）。

图 6-141　Fusion 360 的 3D 打印

图 6-142　Fusion 360 免费个人版

　　这里以打印一个管道上常用的快接头为例，说明操作的方法。

　　步骤 1：通过 Inventor 将模型导入到 Fusion 360。本书已经准备好了一个快接头的 ipt 模型，模型的名称为 09_TK_ISO_Ferrulev1.ipt。

　　使用 Inventor 打开 09_TK_ISO_Ferrule.ipt 这个文件，来到环境选项卡，可以看到"发送到 Fusion 360"命令，点击它之后，就可以很快将模型传递到 Fusion 360 的界面里面（图 6-143）。这是 2022 年新增加的一个功能，以方便 Inventor 和 Fusion 360 之间的沟通。

图 6-143　将模型导入 Fusion 360 中

　　另外笔者还准备了 Fusion 360 可以直接打开的 09_TK_ISO_Ferrule.f3d 文件。打开 Fusion 360 后，点击左上角的"文件"里面的"打开"命令（图 6-144），打开的对话窗口弹出来后，继续点击"从我的计算机打开"（图 6-145），这样模型也能导入到 Fusion 360 里面（图 6-146）。

图 6-144　打开文件

图 6-145　从我的计算机打开

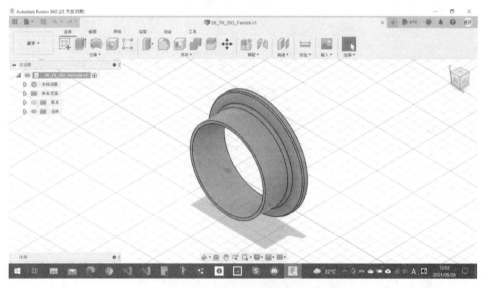

图 6-146　导入到 Fusion 360 里的模型

步骤 2：导出 STL 文件。点击 Fusion 360 "文件" 面板，然后选择 "导出" 命令（图 6-147）。

图 6-147　导出

导出对话窗口弹出来之后，选择*.stl 格式，点击"导出"（图 6-148）。

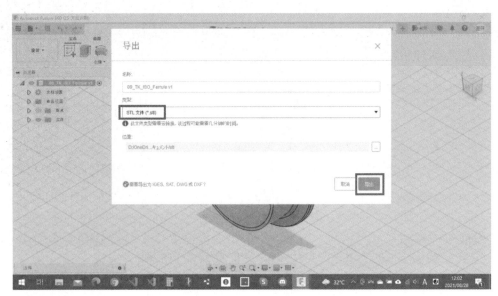

图 6-148　导出文件

这个时候作业状态的画面将会弹出，待完成后点击"关闭"（图 6-149）。这个时候，STL 文件就建立好了（图 6-150）。

图 6-149　作业状态

图 6-150　STL 文件

步骤 3：gcode 打印文件制作。3D 打印机都有自带的读取软件，我们也可以使用 Ultimaker Cura 这样泛用的读取软件，大家根据需要自行选择。

本次使用的 3D 打印机自带的软件为 LABSLICER，点击打开它，读取刚才我们制作好的 09_TK_ISO_Ferrulev1.stl 文件（图 6-151）。对打印的速度以及模型的方向进行简单的调整之后，点击"保存到 SD 卡"（图 6-152）。

图 6-151　读取 09_TK_ISO_Ferrulev1.stl 文件

图 6-152　保存到 SD 卡

任意取一个名字，以 gcode 的文件格式（图 6-153）保存到 SD 卡里面。

本书所用打印机是通过 SD 卡来读取文件的所以保存到了 SD 卡中，大家可以根据自己的打印机实际情况，选取保存的方法。

将这个含有 gcode 文件的 MicroSD 卡插入到 3D 打印机之后，打印机就可以按照文件的设定来工作了。本书所使用的打印机如图 6-154 所示，打印机工作状态如图 6-155 所示，打印出的实物如图 6-156 所示。

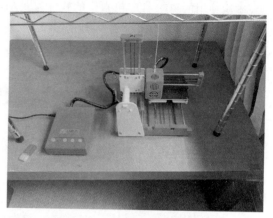

图 6-153　保存为 gcode 文件格式

图 6-154　本书所使用的 3D 打印机

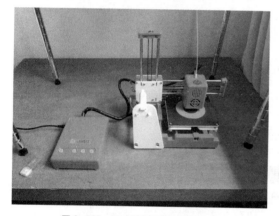

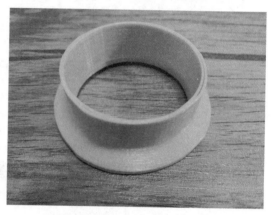

图 6-155　3D 打印机工作时候的照片

图 6-156　3D 打印出的实物

第
7
章

Inventor 的高效率工作流

前面将 Inventor 的一些基本操作和怎样将其应用到 Plant 3D 里面进行建模和操作，进行了讲解。在 PDMC 里面，Inventor 是个很重要的软件，它的众多的功能，能够让我们很快完成各种各样的建模设计。

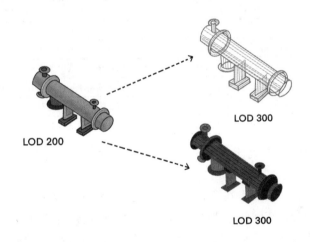

Inventor 是实现设计自动化的一个很好的工具。我们可以将设计自动化按照难易度，分为 5 个级别：

级别 1：iFeature & iPart 的创建。对常用的特征结构或者零件进行系列化设计。

级别 2：发布到资源中心。创建团队或者个人的零部件库。

级别 3：产品设计。利用 iLogic 对零部件进行参数化和配置化设计。

级别 4：Vault 数据管理。通过 Vault 对数据进行管理。

级别 5：设计重用和升级。使用 Vault 对项目进行复制设计。通过任务调度器对数据进行移植。

在欧特克的网站上有一篇名为"What Will Manufacturing Look Like in 2021? The 5 Top Trends to Watch"的文章，翻译过来就是"2021 年的制造业将会是什么样子？值得我们关注的 5 大趋势"。

在文章中有这么一段话："In the design phase, for instance, greater adoption of generative design will help automate resolution of problems, letting engineers and designers focus on value-added tasks."。

"在设计阶段，更多地采用 Generative design（衍生式设计）将有助于我们自动解决问题，可以让工程师和设计师专注于 Value-Added（增值）的任务"。这段话说得非常好。设计人员不能为了画图而去画图，我们需要将精力放在"设计"这个本职工作上，从大量的绘图工作中走出来。

接下来这一章要讲的 Top-Down、LOD 和 Layout，就是围绕着这个 Generative design（衍生式设计）的理念，让大家在使用 Inventor 的时候，有一个清晰的建模思路和步骤。如果能完全理解 Generative design（衍生式设计）并活用到自己的工作上，将会节省大量的时间，以专注于 Value-Added（增值）的效应。

7.1 Inventor 的高效率建模思路

在制造行业，一般设计手法分为两种，一种是"Top-Down"的设计手法，一种为"Bottom-Up"的设计手法。这两种设计手法各有各的特点（表 7-1）。

表 7-1　Top-Down 设计手法和 Bottom-Up 设计手法特点对比

特点	Top-Down	Bottom-Up
特点 1	自上而下设计	自下而上设计
特点 2	从整体设计开始，最后到各个零件	先从各个零件设计开始，最后整体组装
特点 3	整体的布局和大小先轮廓出来的设计	以每个零件设计为主的设计
特点 4	主要适用于新产品的开发	主要适用于旧产品的局部改造
特点 5	衍生式设计无须装配	需要最后对各个零件进行装配操作
特点 6	零件和零件之间为自动关联	零件和零件之间只有装配的关联

如果我们从零开始，需要设计一个新的设备，使用"Top-Down"的设计手法，可以从全局和整体上进行把握。

如果我们对已经有的、过去存在了的模型进行局部调整和再设计，采用"Bottom-Up"的设计手法将会很有效。但是在实际的设计过程中，这两种手法混合着使用也是非常普遍和常见的。

"Top-Down"翻译成汉语就是"自上而下"。它非常适合制造业中新产品的设计，以及新产品的开发，让我们在保证整体感和全局感的前提之下，进行建模工作。

打个简单的比方，当我们需要设计一个新产品的时候：

① 步骤 1：草图；

② 步骤 2：整体的初步建模规划；

③ 步骤 3：详细设计。

我相信大多数的设计人员，都会是这样的思路和方法。这种"Top-Down"的设计手法和 LOD 的概念是相吻合的。所以本章，我们主要讲解如何让"LOD"的设计手法服务我们的工作。希望通过这一章的学习，对"LOD"有一个正确的理解，并能熟练地应用到自己的工作中。

"LOD"的英文全称为"Level Of Development"。它是美国建筑师协会提出来的一个行业标准。从最初的概念设计到最后成品的完成，划分为几个具体的步骤和精度界限，在 BIM 行业非常流行。

"LOD"各个阶段的基本定义如表 7-2 所示。

"LOD"的理念也完全符合制造业设计的流程。我们完全可以将建筑行业的"LOD"理念拿到制造行业来服务于我们。特别是前面讲到的"Top-Down"建模手法，我们结合着"LOD"的各个阶段来设计，将会对我们有很大帮助。

表 7-2　"LOD"各阶段的基本定义

LOD 等级	基本定义	英文
LOD100	概念图	Concept Design
LOD200	基本结构图	Schematic Design
LOD300	精确结构图	Detailed Design
LOD400	加工图	Fabrication & Assembly
LOD500	竣工图	As-Built

"LOD"各个阶段在 Inventor 上的应用如表 7-3 所示。

表 7-3　"LOD"各个阶段在 Inventor 上的应用

LOD 等级	基本定义	Inventor 设计
LOD100	概念图	草图（ipt）
LOD200	基本结构图	多实体零件（Multi-ipt）
LOD300	精确结构图	部件（iam）
LOD400	加工图	—
LOD500	竣工图	—

在 Inventor 设计上，基本到"LOD300"这个阶段就能达到我们的设计要求。

下面，以"LOD"的理念结合具体的实例来一边操作一边讲解，让大家能更好地理解这个方法，并活用在具体的工作中。

例如我们需要设计一个图 7-1 所示的换热器，具体的热力学计算我们在这里不做叙述，仅对它的三维建模步骤做讲解。

图 7-1　换热器

① LOD100：草图设计。首先打开 Inventor，建立一个项目，然后进行草图设计（图 7-2），草图操作方法这里就不再叙述了，不明白的朋友可以参阅第 4 章。

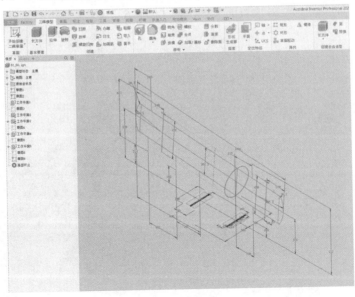

图 7-2　建立草图

227

在这里希望大家能注意两点：

第一点，尽量按照相关的位置和结构的关系来规划模型浏览器里面的草图，以方便我们今后模型结构的检查。

第二点，为了草图操作的方便，给草图添加不同的颜色是一个非常有效的手段。点击右键，点击草图的名称，选择特性后（图7-3），几何图元特性面板将会弹出来，在"线颜色"这里更改草图的颜色（图7-4）。

图7-3　选择特性

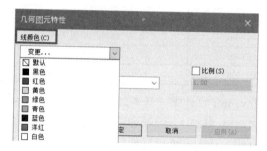

图7-4　选择颜色

前面我们在表7-3里面写到，作为一个基本的概念图，LOD100这个文件，尽量只有草图，不要有模型实体。它就如同整个模型的骨骼一样，我们今后的建模内容，全部都以这个文件为出发点来建模，如果需要修改模型，也要在这个文件上修改。

② LOD200：多实体建模。LOD100的草图完成后，开始进行第二步LOD200的多实体建模。LOD200的一个最主要的特点就是多实体，在布尔运算的时候需要选择新建实体（图7-5），另外在2022版本中，布尔运算的下面新添加了实体名称的输入，这也方便了我们对实体的区分和管理。

按照LOD100的草图，建好所有的实体模型（图7-6）。

图7-5　多实体

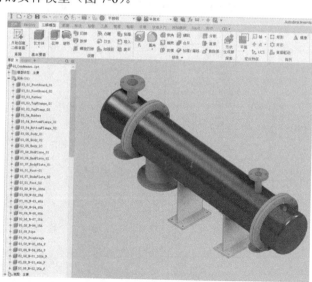

图7-6　LOD200多实体模型

在建模的时候，为了方便我们对实体的区别和管理，可以将多实体用不同的颜色进行区别。在这里我们使用的颜色，在 LOD300 的操作和设定里面，可以简单地删除。

到这里我们的 LOD200 就建好了。LOD200 虽然是一个 ipt 文件，但是因为它多实体的特点，能为我们后面的工作带来非常大的便利。

③ LOD300：布局（LAYOUT）。在 Inventor 的管理选项卡里面，能找到布局这个功能（图 7-7），它的英文名称为 LAYOUT。这个 LAYOUT 功能可以让 LOD200 的多实体文件，按照我们的需求生成各种简单的零部件。

图 7-7　布局功能

点击"生成零部件"后，在左边的面板里面可以自由地选择自己想使用的实体（图 7-8）。

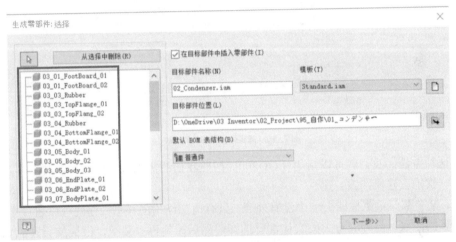

图 7-8　选择实体

LOD200 里面多实体建模的时候使用的颜色，也可以在这里选择是否使用和替代（图 7-9）。

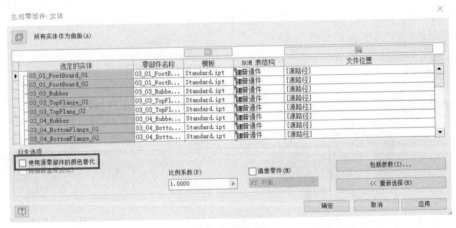

图 7-9　颜色替代

图 7-10 左边是我们在 LOD200 里面建立的多实体，右边就是通过布局功能生成的零部件。

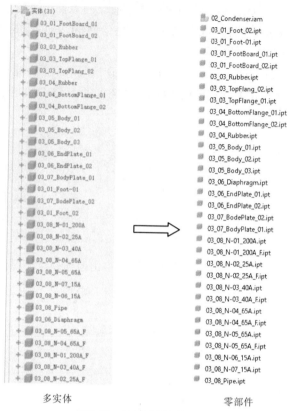

多实体   零部件

图 7-10　多实体和零部件的比较

通过这种方法，我们就可以活用 LOD200，按照我们的需求来生成各种各样的零部件，而不用一次一次地去建模，去装配。

例如，某个部门希望你能出一个没有外壳，只有内部结构的模型，你就可以通过布局功能，在选择实体的时候，与外壳有关的实体都要选择，然后无须再去装配，很快就会得到如图 7-11 所示的 iam 零部件。

再如，外部的协作单位想要你提供这个模型的文档，也许你不想让对方知道内部的结构，只想提供个外壳给对方，这个时候不用再去重新建模，只需要利用布局功能，就可以将没有内部构造的 iam 部件模型简单地生成出来（图 7-12）。

图 7-11　没有外壳的零部件

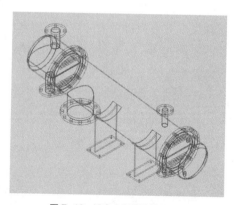

图 7-12　没有内部结构的零部件

像这样，我们只需要在 LOD200 的多实体建立好之后，活用布局功能，就可以自由自在地生成各种部件，这将会为我们的绘图工作节省大量的时间和精力。这是一个非常高效的建模思路和方法，希望朋友们能充分地理解并掌握它。

7.2　Inventor 的应力分析

对于机械设计工作者来说，一边设计，一边通过计算来验证自己的设计，及时发现问题，是一个非常高效的设计方法。Inventor 将这样的一个良性循环，在一个软件上给予了实现。也就是说，我们就仅仅使用 Inventor 这一个软件，就可以完成从设计到验证的流程。

Inventor 在计算设计上，为我们提供了很多的功能。打开任意一个"部件"文件，可以看到有应力分析功能，有结构件分析功能，还有公差分析功能和 Autodesk Inventor Nastran 功能（图 7-13）。

图 7-13　部件文件里的设计功能

在"零件"文件里面，也为我们提供了应力分析、Autodesk Inventor Nastran 和公差分析功能（图 7-14）。

图 7-14　零件文件里的设计功能

这些功能使我们在绘图设计过程中就可以对设计进行演示和评估，而不是在最后设计完成阶段。这将大大减少我们的设计失误，缩短设计周期。

在这里以应力分析为例，对怎样将它简单而又方便地融入我们的设计过程中，做一个简单的介绍。

在流体工厂的绘图设计过程中，经常会遇到需要去设计一个零件的情况，例如需要临时设计一个管道支撑固定到墙壁上（图 7-15）。

步骤 1：首先启动 Inventor，按照图 7-16 中的尺寸设计这个管道支撑，图纸上的角钢采用的是 GB/T 706—2016 中的等边角钢。这里具体的建模步骤就省略了，如有不明白的地方，可以参阅第 4 章的讲解。

图 7-15　管道支撑

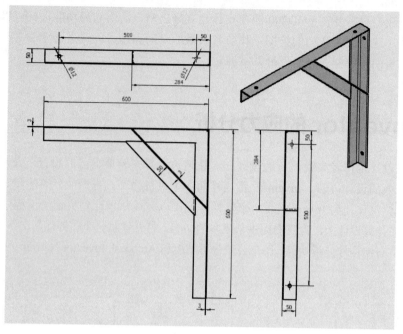

图 7-16　支撑的尺寸

步骤 2： 管道支撑画好后（图 7-17），点击三维建模里面的"应力分析"（图 7-18）。

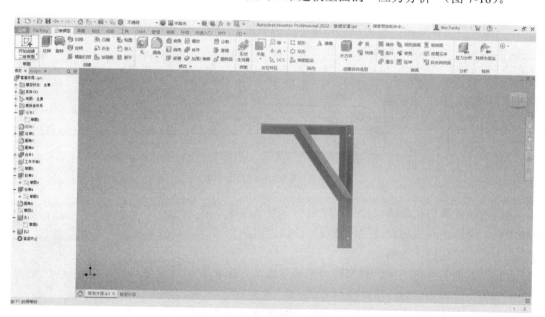

图 717　画好的管道支撑

图 7-18　应力分析

设定分析方案的时候，按照从左到右的原则进行设定，先点击"创建方案"（图 7-19）。

图 7-19　创建方案

创建新方案对话窗弹出来后，选择"静态分析"，点击"确定"（图 7-20）。然后继续点击"材料指定"（图 7-21），零件本身已经设定材质为不锈钢，这里不需要其他的操作，直接点击"确定"（图 7-22）。

图 7-20　静态分析

图 7-21　材料指定

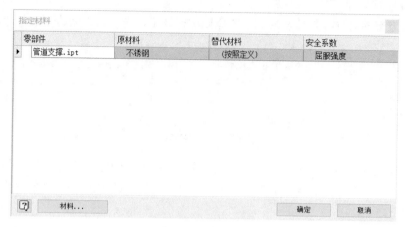

图 7-22　材料指定

然后继续设定固定面（图 7-23）。固定约束的对话窗弹出来后，先选择面左边的图标，将角钢模型的侧面选为固定面，点击"确定"（图 7-24）。

图 7-23　设定固定面

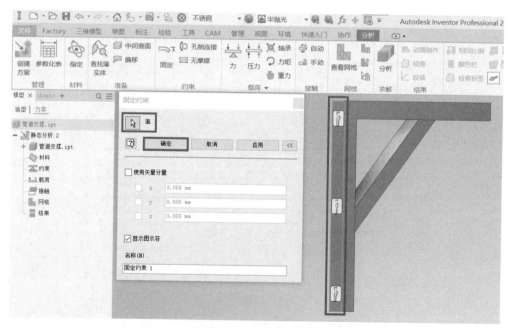

图 7-24　选择固定面

然后进行载荷的设定（图 7-25）。先将上方的孔内部作为受力面，受力大小定为 900N，然后勾选使用矢量分量，因为这里只需要计算它垂直向下的承载力，将 Fz 的值设定为−900N，负数的意思为受力的方向与 Z 轴实际方向相反，然后点击"确定"（图 7-26）。

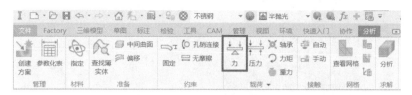

图 7-25　载荷的设定

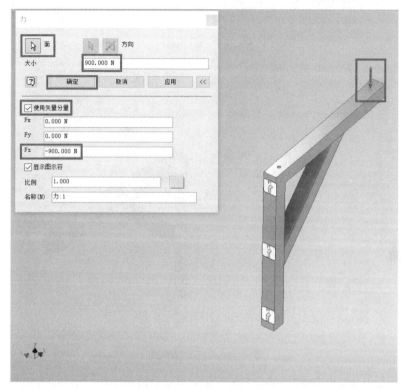

图 7-26　设定力的方向和大小

到这里，我们的基本设定就结束了。点击"分析"（图 7-27），弹出分析对话窗口（图 7-28）。分析结束后，等效应力分布图就会自动展现在画面上（图 7-29）。

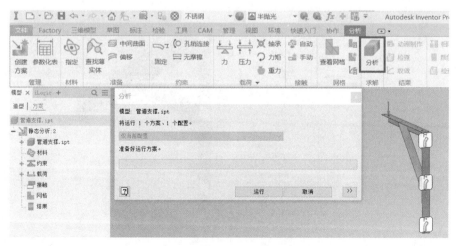

图 7-27　分析

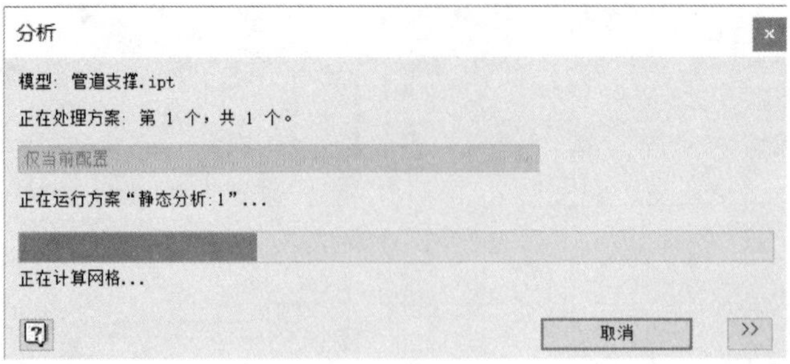

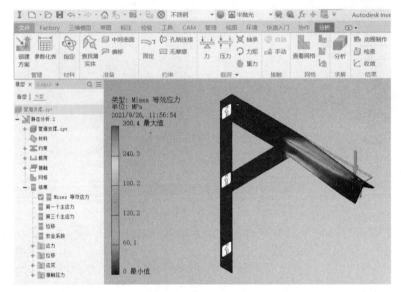

图 7-28　分析对话窗口

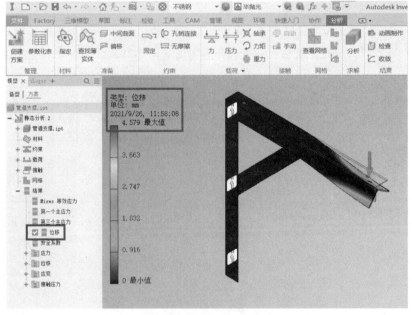

图 7-29　等效应力分布图

在左边的模型浏览器里选择"位移"（图 7-30），可以看到 Inventor 计算的最大位移为 4.579mm。

图 7-30　位移

　　然后在模型浏览器里将结果切换到安全系数（图 7-31），我们会看到安全系数的最小值为
0.83。安全系数一般要大于 1 才可接受，所以通过刚才的分析就可以知道现在的设计不合理，
需要对模型进行修改。

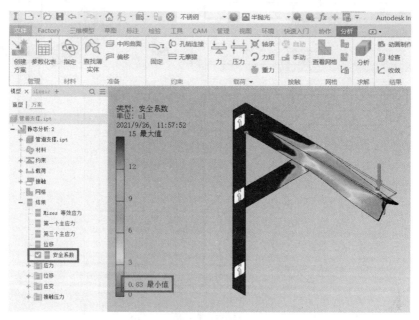

图 7-31　安全系数

　　点击最右边的"完成分析"，退出后（图 7-32），来到草图编辑的
画面，对支撑的构造进行编辑，如果不想修改角钢的尺寸，需要将中
间的斜支撑向外移动（图 7-33）。对草图和模型编辑后，将这个斜支
撑进行移动，移动后的尺寸为 355mm（图 7-34）。

图 7-32　完成分析

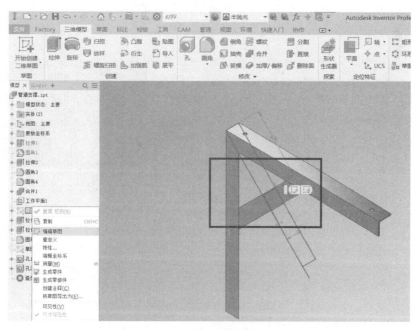

图 7-33　移动中间的斜支撑

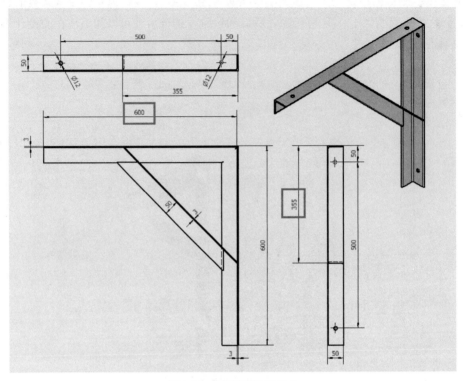

图 7-34　斜支撑移动后的尺寸

再次返回到应力分析的界面，对模型进行第二次应力分析（图 7-35），很快，应力分析结束，我们看到位移从 4.579mm 减小到了 3.001mm（图 7-36）。

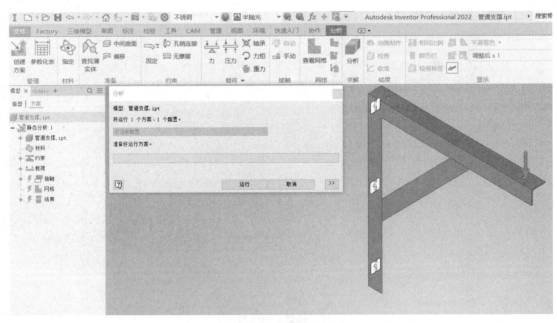

图 7-35　进行第二次应力分析

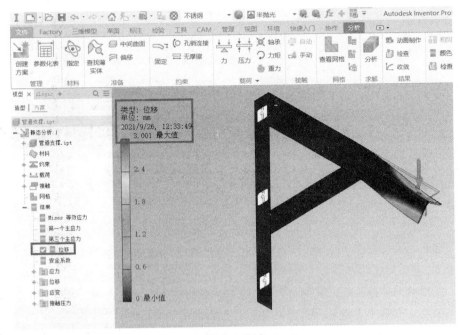

图 7-36　位移

安全系数也从第一次的 0.83 变为了 1.19，大于 1（图 7-37）。这样就可以知道在受力为 900N 的情况下，这个支撑的设计是可行的。

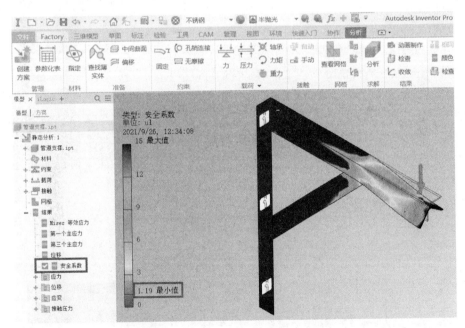

图 7-37　第二次应力分析后的安全系数

通过上面这样反反复复修改、验证、再修改再验证，可以不断优化自己的设计，让我们通过模型就能得到一个最佳的方案，这将会大大降低我们的设计周期。

第8章

借助硬件和软件提高绘图速度

记忆大量的命令和设定快捷键，可以让我们提高效率，实现高速化绘图。但是当你掌握的软件和操作的功能越多，你会发现记忆命令对我们来说并不是无止境的，而是到了一定的程度就会达到极限。所以借助外界工具也是我们不得不去考虑的问题。

鼠标和键盘，是我们电脑绘图所必备的。合理以及高效地利用鼠标和键盘，将会让我们的工作效率有质的提高。前面几章介绍过很多键盘操作的命令，其实有很多命令是需要我们不停地切换使用的，不但耽搁时间，操作时间长了更会给我们带来疲惫感。如果我们能将自己常用的命令和快捷键都捆绑到鼠标和键盘上，用我们身体的"习惯"去操作它，你会发现我们的绘图效率将有一个质的飞跃。

二次开发的程序，也是我们可以利用的工具。AutoCAD有 Lisp 功能，Inventor 有 iLogic 功能等，都是我们可以借鉴和使用的。另外，由微软公司运营的 GitHub 是一个代码托管平台，这里面有很多有用的程序供我们使用。

本章除了给大家介绍怎样使用鼠标和键盘来进行高效率绘图以外，还给大家分享了 GitHub 里的免费程序。

8.1 借助鼠标和键盘加快绘图速度

在这里我们以 Logicool 公司的 G604 无线鼠标和 G913 无线键盘为例进行讲解（图 8-1）。

图 8-1 Logicool 公司的鼠标和键盘

打开 Plant 3D 或者 AutoCAD，任意建立一个 DWG 文件，随便建立一个模型（采用平行模式来绘图）（图 8-2）。

但是在建模中会发现，如果点击 DWG 画面右上角的 HOME 图标，想看一下图纸全局的时候，模式就会自动切换到我们不怎么用的透视模式上。所以在点击完 HOME 图标之后，不得不再去右键点击"HOME"，将模式改回平行（图 8-3）。

在建模操作的过程中，像 HOME 这样的键一天下来反反复复按上百次都是正常的，每次按完 HOME 键，我们都不得不再用右键将模式切换回来，这样的操作将会让我们感到疲惫。

但是如果你使用了 G604 这样的可编程鼠标的话，会让你"一键"就能完成上面全部的操作。我们可以将 HOME（ZOOM　ALL）命令和平行投影模式的命令全部捆绑到鼠标的一个键上，可以非常高效地去工作。

当我们用 Inventor 进行建模操作的时候，为了能观察到内部的结构，需要经常切换视觉样式从"着色"到"边框"（图 8-4）。

在 Inventor 里面，需要从三维建模的选项卡切换到视图选项卡，然后再到外观的面板里面找到视觉样式命令，展开视觉样式命令后，才能点击到边框。也就是说需要点击 3 次鼠标，我们才能完成从着色到边框的切换。

如果我们直接将着色和边框这两个命令捆绑到鼠标上，就可以一步到位实现视觉样式的切换，不但能提高工作效率更能减少很多不必要的操作错误。

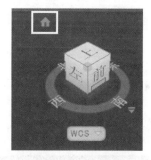

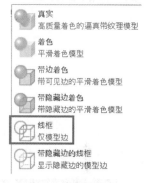

图 8-2　AutoCAD 的平行模式　　　　图 8-3　HOME　　　　图 8-4　视觉样式边框

现在很多的鼠标和键盘都带有可编程功能，我们将这个功能和自己常用的电脑软件合理地结合起来，不但能给我们的绘图工作带来质的飞跃，更能让这些鼠标和键盘成为我们工作中的解压工具。

8.1.1　将录制的宏捆绑到鼠标上

下面以 G604 鼠标为例来给大家讲解一下让鼠标的按键和软件的命令联系起来工作的方法。

我们在用 AutoCAD 绘图的时候，经常有这样一个操作，就是将要选择的对象物移动到世界坐标的（0，0）点上来定位。特别是在 Plant 3D 的对象物参照操作中，有时候为了确认当前 DWG 文件中的对象物和参照过来的对象物的坐标关系，可以将一方先放回到（0，0）的坐标上面再来判断它们的相互关系。标准的操作就是我们需要启动移动"M"命令，再选择基点，然后键盘输入"Shift+3"（#字键的快捷键），再输入（0，0）点的坐标，按回车键，才可以将对象物移动到（0，0）点。

从"Shift+3"这个操作算起，到最后的回车键，我们总共需要键盘输入 5 次然后才能将对象物移动到（0，0）点。如果使用了鼠标自带的宏录制功能的话，就可以很简单，一键操作即可完成上面的 5 次输入，将大大减少我们的操作步骤。

可编程的鼠标购买后，都会带有免费安装的软件，按照各个鼠标和键盘的制作厂商的操作说明书，就可以顺利地安装它们。

下载安装,打开鼠标自带的软件后,在启动的画面上可以看到自己使用的操作工具(图 8-1)。点击鼠标后，可以找到宏的选项，然后点击"新建宏"（图 8-5）。

画面切换到新建宏的画面后，首先给自己要录制的宏起名字，这里的名字为"移动到 0，0 点"（图 8-6）。希望大家在实际使用过程中，能起一个一看到名字就知道这个宏的具体功能是什么的名字，以方便自己将来查找。

图 8-5　新建宏

图 8-6　创建宏名称

然后选择要录制的宏的类型，鼠标不同，性能也不一样，一般来说有下面这四种类型，在这里笔者选择了不重复（图 8-7）。

① 不重复：按键后仅执行一次的宏。

② 按住时重复：一直按住键的状态下，会反复执行这个宏的命令。

③ 触发：按键后会反复执行，直至再次按键后停止。

④ 序列：按键后就执行宏命令，一直按住键的时候会反复执行这个命令。

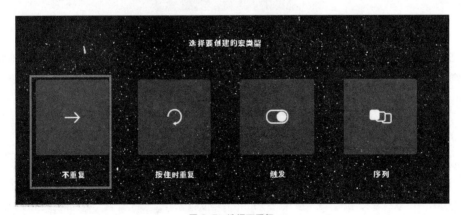

图 8-7　选择不重复

画面切换后，选择"记录按键"（图 8-8）。

开始操作键盘来记录，先同时按住"Shift"键和"3"键，然后按照下面的顺序，依次按"0"键，再按"Tab"键，再按"0"键，最后按"Enter"键。结束操作，保存（图 8-9）。

图 8-8　记录按键

图 8-9　记录键盘操作

这个时候，在宏的一览表的地方可以看到"移动到 0，0 点"的宏建立好了（图 8-10）。

按住"移动到 0，0 点"这个宏，然后将它"拖拽"到软件里面鼠标或者键盘的操作键上，就可以使用了（图 8-11）。

键盘也是同样的操作，G913 键盘的最左边，就有一列专门设定宏的按键（图 8-12），如果是同一个公司制作的鼠标和键盘的话，自己在软件里面制作的宏的命令是可以互换使用的。

图 8-10　宏建立成功

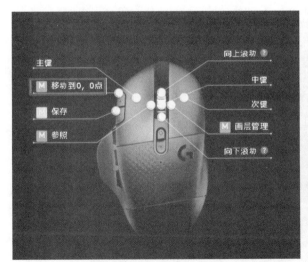

图 8-11　将宏拖拽到鼠标的键上

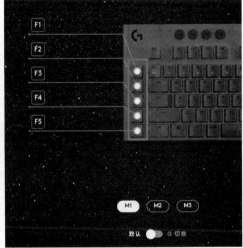

图 8-12　键盘的宏设定按键

8.1.2　将新建的快捷键捆绑到鼠标上

除了宏录制的操作能捆绑到鼠标上以外，AutoCAD 自身的命令也同样可以直接捆绑到鼠标上。AutoCAD 和 Plant 3D 有很多命令都有已经定义好的快捷键，直接将快捷键的命令制作成一个宏，就可以在鼠标上利用它了。

对没有快捷键的命令，AutoCAD，我们可以通过 CUI 命令来添加和指定。

例如我们现在想给 AutoCAD 的视觉样式的"二维线框"命令添加一个快捷键"Ctrl+Shift+4"。

首先打开 AutoCAD，然后任意打开一个 DWG 文件，键盘输入 CUI 命令按回车键后，"自定义用户界面"将会弹出来（图 8-13）。

图 8-13　自定义用户界面

在左下边的命令列表里面，找到"视觉样式，二维线框"命令（图 8-14）。然后一边按住"视觉样式，二维线框"，一边将它拖到上面"键盘快捷键"里面的"快捷键"这一栏（图 8-15）。

图 8-14　视觉样式，二维线框

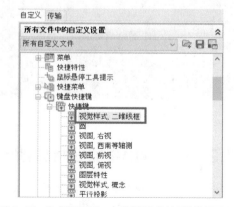

图 8-15　将"视觉样式，二维线框"拖拽到快捷键里面

　　先左键点击一下"视觉样式，二维线框"，让它处于选中的状态，然后在右下角的"特性"里面找到"键"这个地方，点击最右边的"…"（图 8-16）。这个时候快捷键的对话窗将弹出来（图 8-17）。先在"请按新快捷键"的下方空白处点击一下，然后键盘同时按住"Ctrl""Shift"和"4"这三个键，就会看到"CTRL+SHIFT+4"被自动地输入了进去，然后点击"确定"，就完成了对"视觉样式，二维线框"这个命令的快捷键的添加。

图 8-16　点击"…"图标

图 8-17　快捷键添加

　　添加完快捷键之后，和上一节的操作方法一样，打开鼠标的设定软件，在鼠标里面新创建一个宏，宏的名字任意，这里定义为"视觉样式：二维线框"（图 8-18），然后键盘记录宏为"Ctrl+Shift+4"后，保存这个宏。

　　最后我们再将它捆绑到鼠标的按键上就可以了（图 8-19）。

图 8-18　新建名为"视觉样式：二维线框"的宏

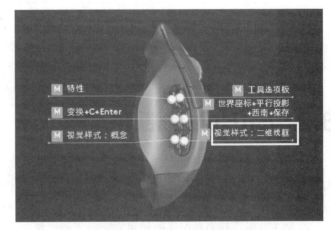

图 8-19　将宏命令设定到鼠标上

　　以上就是鼠标和键盘宏命令的基本用法，当然鼠标和键盘的厂家不同，设定的画面会有一定的区别，大家通过上面的操作实例，应该能对宏的操作有一定的理解。

8.1.3　自制快捷键的管理

　　通过上面的讲解，相信大家一定能感受到这种操作方法的高效性。并且鼠标还可以自动识别软件，根据不同的软件，它会自动切换属于这个软件的快捷键命令。所以我们可以编辑一套这个软件的专有的宏。AutoCAD、Inventor、Fusion 360 以及 Navisworks 等都可以这样去操作。甚至 PDF 软件、Excel、Word 等这些常用的办公工具，也可以用到。

软件使用多了，快捷键多了，自然就会带来管理的问题。

在 AutoCAD 里面建立的快捷键，可以在自定义用户界面这个地方进行备份。

先点击 CUI 命令进入自定义用户界面，在传输选项卡里，把主自定义文件（acad.cuix）另存为到自己的电脑里，cuix 的名字随意保存就可以备份了（图 8-20）。

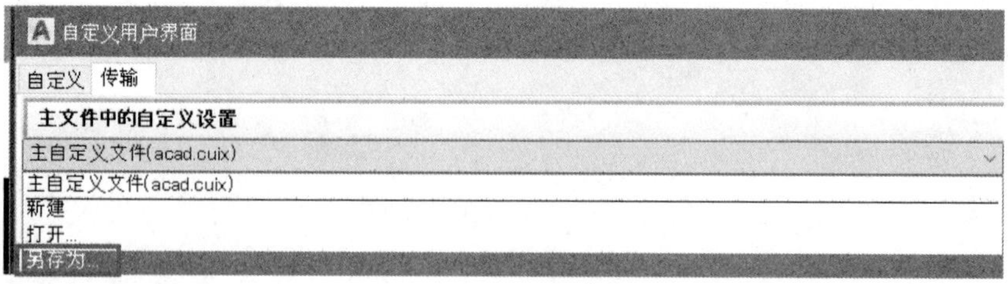

图 8-20　自定义用户界面

另外，在 Inventor 里面，到工具选项版里面的"自定义"，通过"导入""导出"，也可以将自定义的快捷键都保存下来（图 8-21）。

图 8-21　Inventor 的自定义导入导出界面

8.2　GitHub 的活用

除了借助硬件工具来提高自己的绘图效率以外，也可以通过大量公开的免费程序来助力我们的工作。AutoCAD 和 Inventor 有很多外挂的插件，可以从欧特克商店里面获得它们。在这里，再给大家介绍一下怎样利用微软的 GitHub 网站来下载对自己有用的工具。

在第 3 章里，我们对图层的使用方法做了很详细的介绍。但是图层建立的数量多了的话，每一次都这样按照设定新图层来操作，会让我们很疲惫，效率也非常低。AutoCAD 的标准解决方法是建立一个自己用的 DWT 模板文件，将自己常用的图层都预埋在这里面。但是这针对新建的文件是有效果的，对从外部获得的 DWG 文件，已经有了很多图层，我们需要自己重新去新建图层的时候，DWT 文件就没有办法了。在这里介绍一下怎样借助 SCR 文件来新建图层。

SCR 文件是一种脚本文件，它可以让我们先将一系列的操作以语言的形式记录下来，然后再自动执行它来提高我们的工作效率。甚至我们将 SCR 文件直接拽到 AutoCAD 的画面里面就可以执行了，对一些自己工作中的重复性的动作，我们都可以通过保存成 SCR 文件的方法来完成。

学习 SCR 文件的最好的方法是活用 AutoCAD 的检索窗口（图 8-22）。我们可以将检索窗口向上拽高一些，就可以显示出更多的内容。

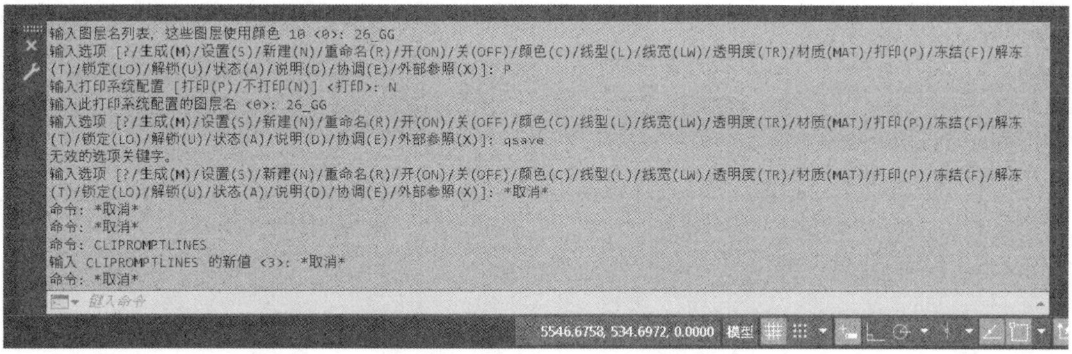

图 8-22　AutoCAD 的检索窗口

但是，SCR 文件对非编程专业的人员非常不友好，如图 8-23 所示，这是一个 SCR 文件里面的一部分内容，具体它写的什么意思，如果不去学习的话将会很难让人看懂。

在这里介绍一个 GitHub 网站里面的免费程序，它可以让我们很直观地去设定图层的各种信息后，会按照我们的设定生成一个图层用的 SCR 文件。有了这个图层用的 SCR 文件，我们就不用在 AutoCAD 里面一次次地去新建图层，直接将 SCR 文件拖到 DWG 文档里面，就可以"一步到位"建立好自己需要的所有的图层。

首先，我们在 GitHub 网站里面下载一个可以自动生成 SCR 文件的免费软件 Auto -Layers -SCR。

GitHub 是微软公司运营的一个代码托管平台，我们可以在里面发现很多有用的程序来供我们使用。打开网页后，找到画面右边"Releases"这个地方，然后点击它下面的版本号（图 8-24）。

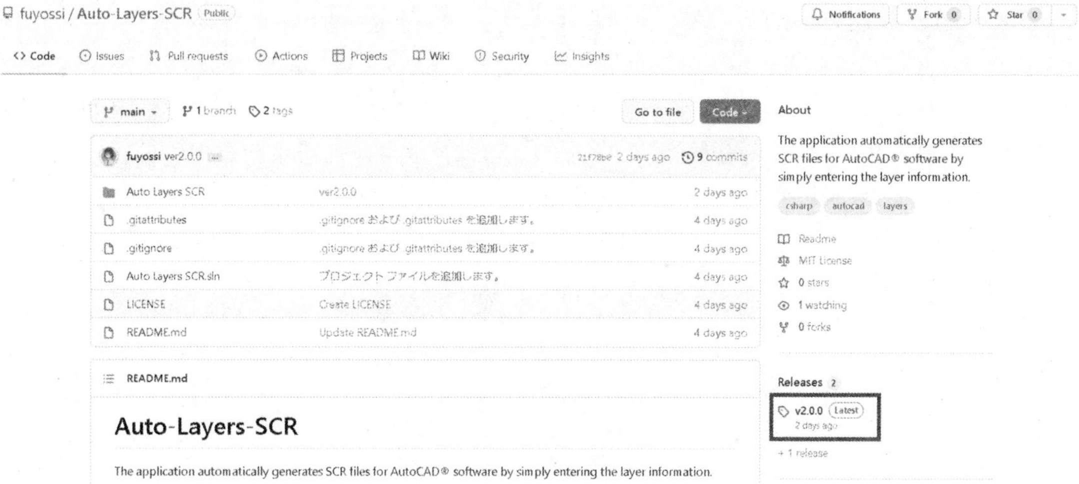

图 8-23　SCR 文件

图 8-24　点击版本

打开后，找到"32.zip"和"64.zip"，32bit 的 Windows 电脑下载 32.zip，64bit 的 Windows 电脑下载 64.zip（图 8-25）。

图 8-25　下载

下载解压后，可以看到 Auto Layers SCR.exe 这个文件（图 8-26），双击启动它。启动后，就到了输入图层信息的一个操作界面（图 8-27）。

图 8-26　启动 Auto Layers SCR.exe

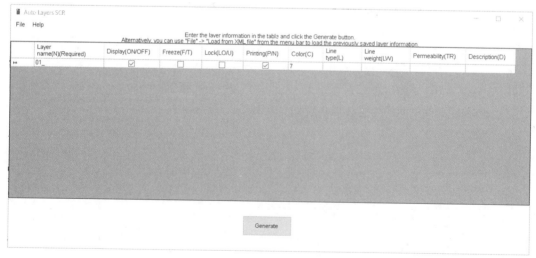

图 8-27　软件操作界面

按照图 8-28 所示，将各个图层的信息输入后，点击"Generate"保存，选择好保存的地点，就会立刻生成一个 SCR 文件（图 8-29）。

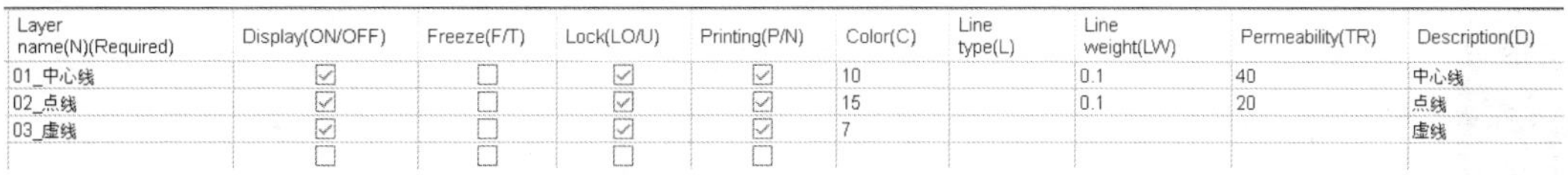

Layer name(N)(Required)	Display(ON/OFF)	Freeze(F/T)	Lock(LO/U)	Printing(P/N)	Color(C)	Line type(L)	Line weight(LW)	Permeability(TR)	Description(D)
01_中心线	☑	☐	☑	☑	10		0.1	40	中心线
02_点线	☑	☐	☑	☑	15		0.1	20	点线
03_虚线	☑	☐	☑	☑	7				虚线
	☐	☐	☐	☐					

图 8-28　输入图层信息

图 8-29　SCR 文件生成

　　任意新建一个 DWG 文件来验证一下这个 SCR 文件。直接将这个 SCR 文件拖进去后，如图 8-30 所示，可以看到按照我们在软件里面的操作，自动将所有的图层都设置完毕。

图 8-30　在 DWG 文件里面验证

　　当你从外部获得了很多 DWG 图纸，需要在这些图纸上去新建一些自己用的图层的时候，就不用再一个一个文件地去新建图层了，只需要将这个 DWG 文件拖拽过去就可以瞬间建立出自己想要的图层。

　　另外，Auto-Layers-SCR 这个软件还为我们提供了代码保存的工具，以方便我们下次使用（图 8-31）。点击软件画面左上角的"File"，然后选择"Save as XML file"，就可以将自己输入的图层信息以 XML 文件的形式保存下来。反过来，我们也可以通过 Load from XML file 这个命令来读取 XML 文件里面的内容，以供我们再次利用。

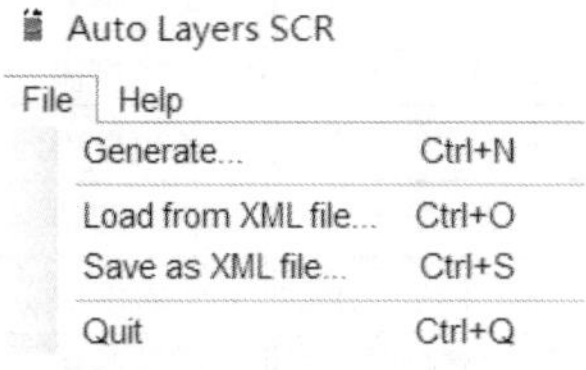

图 8-31　Load from XML

　　像这样的小工具，在 GitHub 里面有很多很多，我们通过网站自带的检索功能，很快就能找到自己需要的功能和代码。

附录1 AutoCAD 常用命令

AutoCAD 的命令很多，我们将它们归类整理后对我们的使用和查找都会有很大的帮助。笔者将 CAD 常用的命令分成了 5 类，以方便大家使用。

1.1 AutoCAD 基础命令

附表 1-1 AutoCAD 基础命令

命令	英文	快捷键	命令	英文	快捷键
直线	Line	L	构造线	Xline	XL
圆	Circle	C	多边形	Polygon	POL
多段线	Poluline	PL	圆弧	Arc	A
点	Point	PO	样条曲线	Spline	SPL
文字	Text	T	椭圆	Ellipse	EL
创建填充图案	Hatching	H	插入块	Insert Block	I
表格	Table	TB	多条平行线	Multi Line	ML
长方形	Rectangular	REC			

1.2 AutoCAD 编辑命令

附表 1-2 AutoCAD 编辑命令

命令	英文	快捷键	命令	英文	快捷键
修剪	Trim	TR	镜像	Mirror	MI
移动	Move	M	矩形阵列	Array	AR
接合	Joint	J	旋转	Rotation	RO
圆角	Fillet	F	缩放	Scale	SC
分解	Explode	X	倒角	Chamfer	CHA
删除	Delete	E	拉伸	String	S
偏移	Offset	O	输出块	WBlock	W
复制	Copy	CP			

1.3 AutoCAD 切换制图命令

附表 1-3　AutoCAD 切换制图命令

命令	内容	命令	内容
F1	帮助	F7	切换网络格式
F2	切换展开的历史记录	F8	切换正交模式
F3	切换对象捕捉模式	F9	切换捕捉模式
F4	切换三维对象捕捉	F10	切换极轴模式
F5	切换等轴测平面	F11	切换对象捕捉跟踪
F6	切换动态 UCS	F12	切换动态捕捉模式

1.4 AutoCAD 管理屏幕命令

附表 1-4　AutoCAD 管理屏幕命令

命令	内容	命令	内容
Ctrl + 0	全屏幕显示	Ctrl + 5	（空白）
Ctrl + 1	"特性"选项板	Ctrl + 6	数据库连接管理器
Ctrl + 2	"设计中心"选项板	Ctrl + 7	"标记集管理器"选项板
Ctrl + 3	"工具"选项板	Ctrl + 8	快速计算器
Ctrl + 4	"图纸集"选项板	Ctrl + 9	命令输入行

1.5 AutoCAD 英文字母顺序命令

附表 1-5　AutoCAD 英文字母顺序命令

字母顺序	命令	内容	字母顺序	命令	内容
A	ARC	创建圆弧	N	（空白）	
B	BLOCK	创建块定义	O	OFFSET	创建等距圆和线
C	CIRCLE	创建圆	P	PAN	移动画面
D	DIMSTYLE	标注样式管理器	Q	QSAVE	保存当前图形
E	EREAE	消除	R	REDRAW	刷新当前窗口
F	FILLET	创建圆弧和倒角	S	STRETCH	拉伸
G	GROUP	创建和管理组	T	MTEXT	创建多行文字
H	HATCH	创建填充图案	U	（空白）	
I	INSERT	插入块	V	VIEW	视图管理器
J	JOIN	合并直线	W	WBLOCK	输出块
K	（空白）		X	EXPLODE	分解
L	LINE	创建直线段	Y	（空白）	
M	MOVE	移动对象	Z	ZOOM	视口比例增减

附录 2　AutoCAD Plant 3D 常用命令

AutoCAD 的命令在 Plant 3D 里面都可以使用，但是 Plant 3D 也有自己独特的命令。现将在 Plant 3D 绘图中常用的命令总结到这里，供大家绘图时参考。

2.1　Plant 3D 制图中常用的命令

附表 2-1　Plant 3D 制图中常用的命令

命令	用途	命令	用途
XF	参照文件	NWC	Navisworks 文件生成
ID	查看点的 *XYZ* 坐标值	Plantshowall	显示全部 Plant 3D 对象
DI	测量两点间距离	CTRL+鼠标右键	画管道更改指南针画面

2.2　Plant 3D 项目中常用的命令

附表 2-2　Plant 3D 项目中常用的命令

命令	用途	命令	用途
AUDIT	检查图形的完整性	PLANTREFRESHACQPROPERTY	刷新位号格式
AUDITPPOJECT	检查项目的完整性并更正错误	PLANTHIDE	隐藏所选的对象
COMPERESSPROJECT	压缩整理缓存的图形数据	PLANTISOLATE	隐藏所选的以外的对象
DATAMANAGER	打开"数据库管理器"	PLANTSHOWALL	显示全部 Plant 3D 对象
DATAMANAGERCLOSE	关闭"数据库管理器"	PLANTORTHOCREATE	创建正交视图
EXPORTLAYOUT	将布局空间输出到模型空间	PLANTPRODUCTIONISO	创建 ISO 图
EXPORTTOAUTOCAD	将当前图形输出为 AUTOCAD 格式	PROJECTMANAGER	打开"项目管理器"
NEWPROJECT	创建新项目	PROJECTSETUP	打开"项目设置"
NWNAVIGATOR	在新窗口中打开 Navisworks	PLANTWELDADD	在管道上添加焊接点
PLANTAUDIT	检查和修复项目数据并更正错误	OPENPROJECT	打开项目的文件夹
PLANTCOPYLINENUMBER	复制管道时带上管道线号	VALIDATE	验证项目是否存在错误

附录 3　Inventor 常用命令

3.1　Inventor 键盘一键命令

附表 3-1　Inventor 键盘一键命令

命令	用途	命令	用途
F1 键	帮助	F4 键（连续按）	旋转
F2 键（连续按）	画面移动	F5 键	返回上次的显示画面
F3 键（连续按）	扩大缩小	F6 键	全画面显示

续表

命令	用途	命令	用途
F7 键（草图环境下）	切片观察	F11 键（草图环境下）	放宽模式
F8 键（草图环境下）	显示所有约束	DEL 键	删除
F9 键（草图环境下）	隐藏所有约束	Esc 键	结束
F10 键	草图显示		

3.2 Inventor Ctrl 组合命令

附表 3-2　Inventor Ctrl 组合命令

命令	用途	命令	用途
Ctrl-A	全部选择	Ctrl-S	保存
Ctrl-C	复制	Ctrl-V	粘贴
Ctrl-F	检索	Ctrl-W	全导航控制盘
Ctrl-H	替换零部件	Ctrl-X	剪切
Ctrl-N	新建文件	Ctrl-Y	重复上一步的操作
Ctrl-O	打开文件	Ctrl-Z	撤消
Ctrl-P	印刷		

附录 4　设计和绘图问题的解决方法

在设计和绘图过程中，难免会遇到各种各样的问题，有时候一个简单的问题可能会耽搁我们很长的时间。现总结几种解决问题的方法，以供大家参考。

4.1 欧特克的帮助文件

首先在绘图过程中遇到问题，第一个应该想到的就是软件自身的帮助文件。欧特克软件的帮助文件有的还可以脱机下载到电脑里（附图 4-1）。

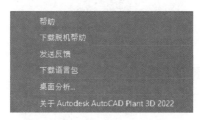

附图 4-1　脱机帮助

4.2 活用欧特克社区

欧特克社区也是我们寻找答案，解决问题的好地方。我们甚至可以在里面自己创建帖子进行提问，而且每周二上午，是欧特克社区的集中解答服务时间，大量的欧特克专家都会在那个时间段来解答疑问。

4.3　怎样联系欧特克的专业人员

我们采购了欧特克的软件之后，还会获得欧特克专业人员的直接服务。首先到欧特克官方网站上注册一个欧特克的账户，在自己的账户里面，打开"账户管理"（附图4-2），就可以看到提问的窗口（附图4-3）。一般一个工作日，欧特克的专业人员就会邮件回复我们的提问，这是一个非常难得的服务，希望大家一定要利用它。

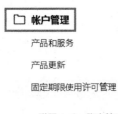

附图 4-2　账户管理

附图 4-3　向欧特克专业人员提问